U0234941

国家出版基金项目
NATIONAL PUBLICATION FOUNDATION

"十三五"
国家重点出版物出版规划项目

空间科学与技术研究丛书

航天器微波部件无源互调机理分析与检测技术

Mechanism Analysis and Detection Technology of Passive Intermodulation in Satellite Microwave Components

崔万照 李军 魏焕 陈翔 等著

北京理工大学出版社
BEIJING INSTITUTE OF TECHNOLOGY PRESS

内 容 简 介

本书结合了中国空间技术研究院西安分院多年来的微波特殊效应研究领域工程实践的经验和成果，重点介绍了微波部件无源互调相关概念、产生机理、分析评价方法、定位检测和抑制技术等内容，具备理论性和工程性；较为全面地介绍了微波部件无源互调最新成果，具备指导性和启发性，并具有一定的技术深度。

本书主要面向微波技术领域工程人员，亦可作为相关领域研究人员的参考资料，或者高等院校相关专业研究生的教学参考书。

图书在版编目（CIP）数据

航天器微波部件无源互调机理分析与检测技术／崔万照等著. — 北京：北京理工大学出版社，2020.8

（空间科学与技术研究丛书）

国家出版基金项目 "十三五" 国家重点出版物出版规划项目　国之重器出版工程

ISBN 978 - 7 - 5682 - 8971 - 9

Ⅰ.①航…　Ⅱ.①崔…　Ⅲ.①航天器 - 微波元件 - 互调 - 研究　Ⅳ.①V441

中国版本图书馆 CIP 数据核字（2020）第 163470 号

出　　版／	北京理工大学出版社有限责任公司
社　　址／	北京市海淀区中关村南大街 5 号
邮　　编／	100081
电　　话／	（010）68914775（总编室）
	（010）82562903（教材售后服务热线）
	（010）68948351（其他图书服务热线）
网　　址／	http://www.bitpress.com.cn
经　　销／	全国各地新华书店
印　　刷／	北京捷迅佳彩印刷有限公司
开　　本／	710 毫米×1000 毫米　1/16
印　　张／	14.25
彩　　插／	4
字　　数／	265 千字
版　　次／	2020 年 8 月第 1 版　2020 年 8 月第 1 次印刷
定　　价／	78.00 元

责任编辑／曾　仙
文案编辑／曾　仙
责任校对／周瑞红
责任印制／李志强

图书出现印装质量问题，请拨打售后服务热线，本社负责调换

序

随着卫星载荷技术的快速发展，对传输速率和传输距离提出了更高的要求，卫星通信系统正向着大功率、多载波、宽频带和高灵敏度的方向发展。考虑到卫星有效载荷的小型化、轻量化需求，卫星系统呈现出采用收发共用天线结构的趋势。随着无线通信频谱使用的日益密集、大功率发射机的逐渐应用、接收机灵敏度的不断提高以及共站共址现象的更加普及，由无源部件的微弱非线性所引起的无源互调已经无法再被忽视，甚至成为无线通信系统的主要干扰之一；尤其是随着移动通信 5G 及 5G ＋ 的不断发展，频谱资源日益拥挤，频率段的不断交叠问题更加突出。可以看出，无源互调已经成为天上－地面共同面对的问题，对于未来天－地一体化通信建设将产生重要影响。

对工程设计人员而言，无源互调应当属于物理研究的范畴，它涉及了材料特性、工艺技术、结构设计等领域的基础研究内容；对自然科学研究人员而言，无源互调更应该被归纳为一种工程现象，一旦落入接收通道，会直接影响接收机的信噪比，若非线性严重将直接淹没接收信号，导致通信完全中断。正是由于无源互调涉及多学科交叉和它的重要性，其成为近些年多个领域的研究热点。

从 20 世纪 70 年代欧洲海事卫星 MARECS 的 43 阶无源互调出现，到现在空－天移动通信快速发展，近半个世纪的发展，无源互调问题已经成为通信系统微波部件考核的必要性能指标。目前，工程研究人员对无源互调的来源已经有了初步的认识，如通过避免在微波部件中使用铁磁性材料来抑制无源互调等，但进一步抑制无源互调就必须分析无源互调的来源。我国通信卫星在研制过程中多次遇到无源互调问题，甚至一度成为制约技术发展的核心瓶颈。面对航天重大工程的实际问题，我们有针对性地开展了系列研究，本书是课题组多年研究工作的总结，包括对无源互调的产生机理、无源互调分析、无源互调检测定位和无源互调抑制进行了详细的探讨，具有系统性和新颖性，对于工程设计和基础研究人员可以起到很好的参考作用。

张庆谅
2020年4月29日

前　言

　　天－地－海一体化通信已成为未来通信发展的必然方向，万事万物互联离不开远在天上的航天器，天路遥遥，传信不易。为了保证更快、更准、更广泛地通信，我国新一代航天器有效载荷技术向大功率、高性能、高可靠方向发展，微波部件承受的功率越来越大，这对其抗无源互调设计技术提出了更高的要求。无源互调干扰一旦产生将造成严重后果，噪声电平提高，使系统不能正常工作。溯无源互调的源，需深入微波部件分析无源互调的产生机理，定无源互调产生的具体位置，测无源互调功率电平，完成微波部件抗无源互调设计，可有效提高航天器的技术水平。

　　本书共6章，由崔万照、李军、魏焕、陈翔等完成。崔万照、李军负责全书内容的架构设计，魏焕完成全书的统稿。其中，魏焕负责第1章的撰写，白春江负责第2章的撰写，王瑞负责第3章的撰写，陈翔负责第4、5章的撰写，胡天存负责第6章的撰写。此外，张娜参与第1章的撰写，崔万照参与第4章的撰写，李军参与第5章的撰写，何鋆参与2.6节的撰写，白鹤参与3.5节、6.6节和6.7节的撰写，王琪参与6.4节、6.5节的撰写。

　　中国工程院院士张履谦在百忙之中为本书撰写了序，并提出了许多宝贵意见。本书的研究工作得到国家自然科学基金重点项目（U1537211）、国家自然科学基金项目（11705142、11605135、61701394、61801376、5165421、11675278、51827809、61901359）和空间微波技术重点实验室稳定支持基金项目（HTKJ2020KL504002、HTKJ2019KL504009）的资助。本书的出版得到国家出版基金项目资助，并荣膺"十三五"国家重点出版物出版规划项目和"国之重器"出版工程项目。本书还得到了中国空间技术研究院西安分院李立副院长、于洪喜总工程师、李正军副总工程师、李小军副主任的关心和支持。课题组王新波、李韵、谢贵柏、杨晶、宋强强、李霄枭和封国宝也参与了无源互调研究工作，感谢贺永宁、张剑锋、冉立新、皇甫江涛、安建平、卜祥元、谢拥军、李团结、姜万顺等为无源互调研究做的大量工作，特别感谢赵小龙、张松昌、陈雄、张磊、武东伟、毛煜茹、张美、郑川、田露、高晓铮、梁弼政等在博士/硕士期间所做的工作。本书在出版过程中得到了北京理工大学出版社的大力支持，特别是李炳泉、张海丽、孙澍、曾仙等编辑为本书的出版做了大量工作，在此一并表示感谢。

科技发展日新月异，技术进步永不止步。作者在撰写全书过程中虽穷其研究成果，始终未能完全覆盖无源互调机理、分析、检测和抑制的方方面面。同时随着数据处理技术的提高和工艺技术的进步，无源互调检测和抑制必将取得更大的发展。虽然我们竭力而为，但受限于水平和能力，书稿难免有一些疏漏和不足之处，恳请广大读者和专家批评指正。

目　录

第 1 章

绪　　论

|1.1 概述|

无源互调（Passive Intermodulation，PIM）是指在大功率多通道通信系统中，输入两个或者两个以上发射载波时产生的互调信号落入接收通带而造成干扰的现象。发射系统中的各种无源部件都存在一定程度的非线性特性，在大功率、多信道系统中，这些无源部件的非线性会产生比工作频率更高次的谐波，谐波与工作频率混合会产生一组新的频率，最终在空中产生一组干扰频谱而影响正常通信。以发射两个载波为例，微波无源部件的非线性导致载波信号相互调制，产生载波频率的组合产物落入接收通带，进而造成干扰，且反射 PIM 对发射链路也会产生影响，但是 PIM 对接收通带造成的影响往往会对系统产生严重影响，因此对落入接收通带的 PIM 进行分析、计算和检测就显得十分重要。图 1 – 1（a）所示为 PIM 在通信链路中对系统干扰的简化图，图 1 – 1（b）所示为典型 PIM 产生的频谱分布图。

PIM 的典型特点是发射大功率、接收小功率。对于地面移动通信，通常要求发射功率为 20 W/43 dBm、接收信号为 0.01 pW/ – 110 dBm，即发射信号与接收信号相差 15 个数量级。典型收发移动通信系统 PIM 干扰如图 1 – 2 所示。

PIM 干扰可在同一个通信系统内部，属于单纯的系统内频率交叠产生的干扰。在多系统公用通信硬件资源条件下，单个系统内部频率相互干扰，系统间的

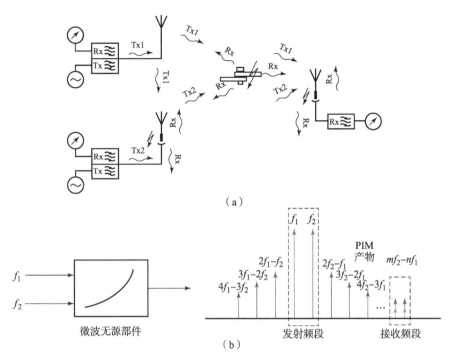

图 1 - 1　PIM 干扰（书后附彩插）

（a）PIM 在通信链路中对系统干扰的简化图；（b）PIM 产生的频谱分布图

↑—发射载波信号；↑—互调干扰信号；↑—正常接收信号

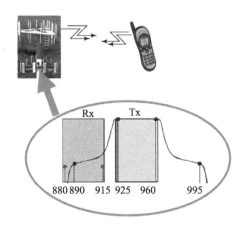

图 1 - 2　典型收发移动通信系统 PIM 干扰

杂散频谱会对其他系统工作产生影响，典型的干扰分布如图 1 - 3 所示。在移动通信系统中，无源部件非线性带来的 PIM 干扰会对系统性能产生较大影响，在多系统合路或相邻站点建设中产生的影响更严重。

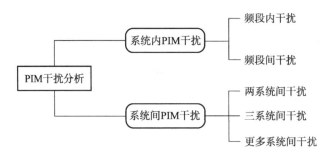

图 1-3　典型 PIM 干扰分布

　　PIM 干扰落入接收频段，进而降低整个通信系统的信噪比。随着接收机灵敏度的提高及发射机功率的增大，PIM 干扰将直接影响通信质量、系统稳定性和信道容量。随着移动通信的发展，基站建设数量急剧增多，为解决重复建设而导致资源浪费的问题，多系统合路场景将越来越多。

　　对 PIM 而言，在收发共用的系统中，发射信号和接收信号同时经过收发双工器、大功率电缆、天线馈源和收发共用天线等。典型地面移动通信系统中易产生 PIM 的微波部件如图 1-4 所示。在该移动通信系统中，如果发射不同载波之间产生的 PIM 产物落入接收频带，那么 PIM 产物将与接收信号同时进入接收机，进而形成干扰。然而，采用传统滤波和隔离的办法对此无法解决，因此 PIM 问题是关系整个通信系统链路通信质量的关键问题。

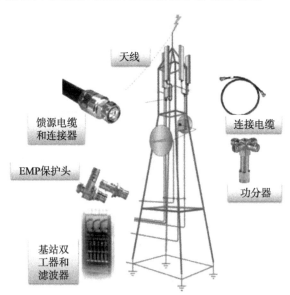

图 1-4　典型地面移动通信系统中易产生 PIM 的微波部件

|1.2 移动通信系统无源互调分析与研究|

1.2.1 多系统的无源互调干扰分析

表1-1列出了国内运营商及铁路专网的频谱使用情况，了解频谱划分情况是计算 PIM 干扰的基础。

表1-1 国内运营商及铁路专网的频谱使用情况 MHz

运营商	通信制式	接收频段	发射频段
中国移动	GSM900	890~909	935~954
	DCS1800	1 710~1 735	1 805~1 830
	DCS1800（扩展）	1 755~1 777	1 850~1 872
	TD-F	1 880~1 920	
	TD-A	2 010~2 025	
	TD-E	2 320~2 370	
	TD-D	2 570~2 620	
	WLAN	2 400~2 483.5	
中国联通	GSM900	909~915	954~960
	DCS1800	1 745~1 755	1 840~1 850
	WCDMA	1 940~1 955	2 130~2 145
	WLAN	2 400~2 483.5	
中国电信	CDMA800	825~835	870~880
	CDMA2000	1 920~1 935	2 110~2 125
	WLAN	2 400~2 483.5	
铁路专网	GSM-R	885~889	930~934

1.2.2 单系统无源互调干扰场景

1. 中国移动单系统无源互调干扰分析

目前，中国移动的主要系统有 GSM900、DSC1800、TD-SCDMA（F/A/E/D）、

TD–LTE（F/A/E/D）与 WLAN 等。对于这些单系统，结合表 1 – 1 所列的频谱使用情况，表 1 – 2 列出了中国移动所运营制式的单系统 PIM 产物情况。

表 1 – 2　中国移动所运营制式的单系统 PIM 产物情况　　　MHz

通信制式	3 阶 PIM	5 阶 PIM	7 阶 PIM
GSM900	916 ~ 973 ○	897 ~ 992 ●	878 ~ 1 011 ●
DCS1800	1 780 ~ 1 855 ○	1 755 ~ 1 880 ○	1 730 ~ 1 905 ●
DCS1800（扩展）	1 828 ~ 1 894 ○	1 806 ~ 1 916 ○	1 784 ~ 1 938 ○
TD – F	1 840 ~ 1 960 ●	1 800 ~ 2 000 ●	1 760 ~ 2 040 ●
TD – A	1 995 ~ 2 040 ●	1 980 ~ 2 055 ●	1 965 ~ 2 070 ●
TD – E	2 270 ~ 2 420 ●	2 220 ~ 2 470 ●	2 170 ~ 2 520 ●
TD – D	2 520 ~ 2 670 ●	2 470 ~ 2 720 ●	2 420 ~ 2 770 ●
WLAN	2 316.5 ~ 2 567 ●	2 233 ~ 2 650.5 ●	2 149.5 ~ 2 734 ●

注：○表示不落入系统接收频段；●表示落入系统接收频段。

由表 1 – 2 可以看出，对于频分双工（Frequency Division Duplexing，FDD）系统（即 GSM900 和 DSC1800 系统），发射频点的 3 阶 PIM 产物不会落入本系统接收频段，但 5 阶和 7 阶 PIM 产物会落入本系统接收频段；对于时分双工（Time Division Duplexing，TDD）系统（如工作在 F/A/E/D 频段的 TD–SCDMA 和 TD–LTE 系统），发射频点的 3 阶、5 阶和 7 阶 PIM 产物均会落入系统频段，但由于 TDD 系统的收发分时工作，因此不会产生有效干扰。

2. 中国联通单系统 PIM 干扰分析

目前，中国联通主要运营的无线通信系统有 GSM900、DSC1800、WCDMA、FDD – LTE 与 WLAN 等。对于这些单系统，结合表 1 – 1 所列的频谱使用情况进行分析可知，中国联通所运营的 GSM900、DSC1800 与 WCDMA 等系统下行发射频段的低阶（3 阶、5 阶和 7 阶）PIM 产物都不会落入其上行接收频段，并且 WLAN 系统的低阶（3 阶、5 阶和 7 阶）PIM 产物不会干扰本系统工作。

3. 中国电信单系统 PIM 干扰分析

目前，中国电信主要运营的无线通信系统有 CDMA800、CDMA2000、FDD – LTE 与 WLAN 等。对于这些单系统，结合表 1 – 1 所列的频谱使用情况，进行分析可知，CDMA800 和 CDMA2000 下行发射频段的低阶（3 阶、5 阶和 7

阶）PIM 产物均不会落入其上行接收频段，且 WLAN 系统的 PIM 产物不会影响本系统工作。

1.2.3 微波部件无源互调分析

在现代移动通信网络中，一般通过一副发射天线来发射几个通道（每个通道的功率为几瓦到数十瓦之间）的信号，发射天线同时作为接收天线使用（收发共用状态），或者至少位于某个接收天线附件，因此必须确保接收通道不受发射通道影响。表面看来，这似乎不可能出现问题，因为各自的通道被严格地相互隔离。然而，由于无源部件肯定存在非线性电阻，因此在一定时期内几个载波通道的电流同时流过这样的电阻，就可能很快以混合产物的形式形成干扰，干扰信号直接或间接到达接收通道，或通过发射天线到达接收天线。例如，一般输入放大器的灵敏度高达 0.01 pW/ − 110 dBm，比功率为 20 W/43 dBm 的发射机低 153 dB（相差 15 个数量级）的干扰信号就足以引起一个或多个接收通道失灵。随着移动通信网络和移动通信基站日益增多，空间中各种频率成分日趋复杂，它们之间相互叠加、混合，在同一地区的几个通信网之间的频率满足一定条件后，就会对通信系统形成干扰。随着通过移动通信系统的有限带宽内的语音和数据信息量的不断增加，PIM 干扰已经成为限制系统容量的重要因素。

在典型的地面移动通信系统中，PIM 来源分布广，如图 1 − 4 所示。PIM 非线性的产生原因主要有两种类型——接触非线性（松动、氧化、污染的金属连接接头）、材料非线性（大块材料，如铁磁成分、碳纤维等），表现出非线性电流 − 电压特性。

基站在长期使用过程中，受环境污染、腐蚀、氧化等很容易令无源部件产生 PIM，因此要定期对基站进行 PIM 检测，图 1 − 5 所示为城市典型基站。

在民众环保意识日益增强的背景下，基站设施（其中包括室内分布系统）的共建共享已经成为国内外通信行

图 1 − 5 城市典型基站

业的整体趋势。但共建共享在降低成本的同时，也使得不同无线通信系统因共存而相互间产生的干扰问题日益突出。

国内对于无源部件3阶PIM指标分析起步较晚，多年来业界对于无源部件的3阶PIM抑制能力要求为 –120 dBc@2×43 dBm，但随着网络负荷的增大，该指标已不能满足网络性能需要。2014年，中国移动抽测了东、中、西部2 057件天线及无源部件，智能天线合格率约为91%，双频电调双极化天线合格率最低，约为30%。合格率低的主要原因是PIM抑制指标的合格率较低。随着通信技术的快速发展，特别是5G天线通信频率的增高，以及语音和数据信号容量的增加，之前对信号产生影响较小的因素也越来越被重视，PIM就是其中之一。中国移动对PIM要求提高，发布了《中国移动通信企业标准》等标准，对PIM做出了特别要求；欧盟的移动通信系统相关标准中也将PIM作为必须考核的指标。

|1.3 航天器微波部件无源互调研究进展|

对于卫星通信系统，PIM是关系系统成败的关键问题之一。当PIM电平较低时，会使接收信号的底噪抬高，使接收机的信噪比降低、误码率升高；当PIM电平进一步增高时，会影响整个通信系统的正常工作，被迫降低功率使用，或分通道使用；严重时，PIM产物将淹没接收信号，导致通道阻塞、通信中断，使整个系统处于瘫痪状态。航天器有效载荷微波部件中通常能够产生PIM的微波部件有收发双工器（图1–

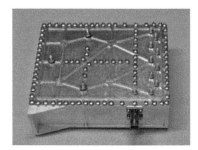

图1–6 收发双工器

6）、电缆接头（图1–7）、波导法兰（图1–8）以及各种天线馈源和反射面。

图1–7 电缆接头

图1–8 波导法兰

　　PIM 存在于任何收发共用的系统中，在地面设备与空间设备中均存在，由于空间设备距离远、衰减大，且发射功率与接收机灵敏度的比值比对地面设备的比值要求更高，因此在卫星通信系统中对 PIM 的要求更高，一旦产生对卫星通信的影响，后果尤为严重。在典型的地面 WCDMA 通信系统中，发射功率一般在 43 dBm，接收机对 PIM 电平的要求为 –110 dBm 左右，发射功率与 PIM 电平相差 153 dB；但在空间通信系统中，由于星地之间的远距离、大衰减要求星上发射功率增大、接收灵敏度提高，因此通常发射功率与 PIM 电平的相差比地面要求更高，即微波部件中存在的极弱的非线性也能够导致 PIM 干扰信号淹没接收信号。个别大功率地面系统出现 PIM 问题时可以采用收发 2 副天线，利用空间隔离的方法来解决，但受空间平台资源的限制，卫星上很难采用地面的措施来避免这一问题。

　　PIM 已成为卫星研制中重点关注的问题。美国在 1975 年以后将近 10 年的时间里发射了 5 颗移动通信卫星，前 4 颗都受到 PIM 的严重影响。美国舰队通信卫星 FLTSATCOM 的 3 阶 PIM 产物——整星进入正样联调时，出现了 3 阶 PIM 产物落入接收频带的问题，被迫改用收发分开的方案，从而导致整星发射推迟 36 个月。美国通信卫星 MILSTAR – Ⅱ 为了避免 13 阶 PIM 产物落入接收频段，UHF 频段采用了收发分开的方案。欧洲海事卫星 MARECS 的 43 阶 PIM 产物、国际通信卫星 INTELSAT 的 27 阶 PIM 产物均对卫星接收信号形成干扰，导致卫星降低功率使用，甚至报废。2003 年发射的 OPTUS C1 卫星没有事先对整个卫星进行 PIM 约束和风险评估，导致 3 阶和 23 阶 PIM 产物均落入接收频带，PIM 问题相当棘手。已有试验表明，当卫星载荷中的某一单机工作时，仅发射单个频率的信号不存在 PIM 问题，只有当多机联试发射两个（或多个）载波信号时，才会出现 PIM 干扰现象。最终，通过减小子载波带宽，并严格约束频率选取才将 PIM 问题解决。2005 年以后，美国 Space Systems Loral、Orbital Sciences Corporation 以及欧洲 Astrium 公司通过定性评估与反复试验相结合，工程上解决了大功率载荷 PIM 的难题，部分卫星采用了收发共用模式，这显著提高了效能，代表了卫星载荷技术的发展方向。图 1 – 9 所示为美国直播卫星和移动通信卫星，均采用收发共用技术。

　　我国航天技术已进入一个新阶段，其标志之一就是波段的扩展和功率的增大。随着每通道饱和功率从之前的几瓦、十几瓦到现在的上百瓦，PIM 问题变得日益严重，因此迫切需要研究如何有效抑制卫星系统中的 PIM 效应，以确保卫星系统在寿命周期内能正常工作。

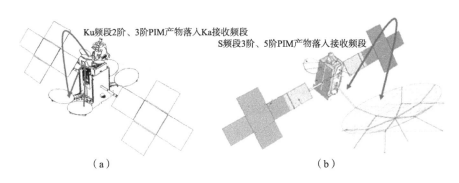

Ku频段2阶、3阶PIM产物落入Ka接收频段

S频段3阶、5阶PIM产物落入接收频段

（a）   （b）

图1-9　美国采用收发共用的卫星

（a）直播卫星 iPSTAR；（b）移动通信卫星 Terrestar

　　随着新一代移动通信卫星的快速发展，PIM 问题不可避免。图1-10 所示为星地通信示意图，PIM 产物随接收信号进入接收机，无法采用传统的滤波和隔离办法解决。为达到 PIM 指标要求，目前的研究主要着眼于从产生机理的角度出发，对系统整体及其各部件进行优化设计，包括：合理选择收发频段、尽量避免低阶次 PIM 产物落入上行频段；避免选用具有强非线性特性的铁氧体或铁磁材料；在金属表面或金属板内制作无氧化层或污染薄膜的整体硬件；修整"金属-非金属-金属"接触面，增强接触面导电性，降低其非线性效应。

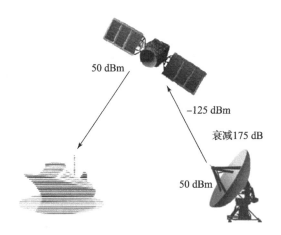

50 dBm

−125 dBm

衰减175 dB

50 dBm

图1-10　星地通信示意图

　　由于 PIM 问题对卫星来说关系重大，因此国际上关于 PIM 的研究广泛而深入。随着我国航天技术的发展，卫星使用频段不断扩展、星上功率不断增大，

PIM 引起的干扰问题也越来越突出。因此，需要开展 PIM 的理论研究与工程实践，为将来的多载波卫星系统研制保驾护航。

|1.4　小结|

PIM 问题最早发现于远距离的舰船通信，随后在卫星通信、地面基站通信中陆续出现。从发现 PIM、了解 PIM、研究 PIM 的产生机理，到采用数学工具分析 PIM 非线性，再到高效测量 PIM 与抑制 PIM 技术研究，经历了半个多世纪，对产生机理、分析计算方法、测量技术和抑制技术的研究均开展了大量工作。从检索论文和专利（图 1-11、图 1-12）可以看出，PIM 问题大致经历了萌芽期、快速发展期与稳定发展期三个时期。从时间轴可以看出，快速发展期伴随着卫星技术和移动通信技术的快速发展。在"天-地-物"一体化通信发展趋势，且频谱资源日益紧张的背景下，PIM 问题将越发凸显，微波部件及系统级 PIM 将面临新的挑战。本书将针对航天器微波部件 PIM 的机理、分析评价、检测定位和抑制技术进行全面介绍，将对地面移动通信系统有重要参考。

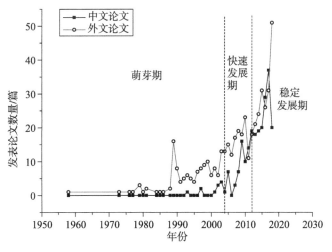

图 1-11　国内外发表论文数量统计

（检索时间：2019 年 8 月）

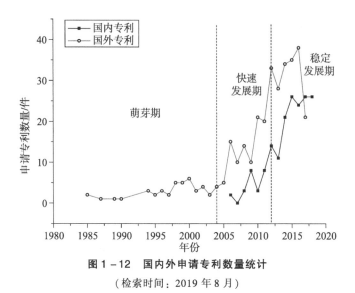

图 1-12　国内外申请专利数量统计

（检索时间：2019 年 8 月）

参 考 文 献

[1] 甘仲明，倪为民. UHF 战术卫星通信中的无源互调 [J]. 通信工程学院学报，1993，7（2）：69-76.

[2] 张世全，傅德民，葛德彪. 无源互调干扰对通信系统抗噪性能的影响 [J]. 电波科学学报，2002，17（2）：138-142.

[3] 蔡晓宏，谢军，周渭. 多载波卫星系统无源互调问题的研究 [J]. 空间电子技术，2003（1）：14-17

[4] ZHANG L, WANG H G, HE S T, et al. A Segmented Polynomial Model to Evaluate Passive Intermodulation Products from Low-Order PIM Measurements [J]. IEEE Microwave and Wireless Components Letters, 2019, 29 (1): 14~16.

[5] ZHANG L, LI Y D, LIN S, et al. Numerical Simulation and Analysis of Passive Intermodulation Caused by Multipaction [J]. Physics of Plasmas, 2018, 25 (8): 082301 (1) - 082301 (7).

[6] ZHANG L, WANG H G, SHEN J L, et al. A Composite Exponential Model to Characterize Nonlinearity Causing Passive Intermodulation Interference [J]. IEEE Transactions on Electromagnetic Compatibility, 2019, 61 (2): 590-594.

[7] 李霄枭，崔万照，胡天存，等. 无源互调抑制技术研究现状及发展趋势 [J]. 空间电子技术，2017，14（4）：1-6.

[8] 张世全，葛德彪. 通信系统无源非线性引起的互调干扰 [J]. 陕西师范

大学学报（自然科学版），2004，32（1）：58 – 62.

[9] LUI P L. Passive Intermodulation Interference in Communication Systems [J]. IEE Electronics & Communication Engineering Journal，1990，2（3）：109 – 118.

[10] HOEBER C F, POLLARD D L, NICHOLAS R R. Passive Intermodulation Product Generation in High Power Communications Satellites [C] // Proceedings of AIAA 11th Conference on Communication Satellite Systems. San Diego, California, USA, 1986：361 – 374.

[11] CHEN X, SUN D Q, CUI W Z, et al. A Folded Contactless Waveguide Flange for Low Passive – Intermodulation Applications [J]. IEEE Microwave and Wireless Components Letters, 2018, 28（10）：864 – 866.

[12] 王琪，狄学峰，李秋强，等. S频段低无源互调同轴滤波器设计 [J]. 空间电子技术，2017，14（06）：49 – 53.

[13] CUI W Z, WANG R, LI J. A Measurement System for Passive Intermodulation with Real Time Environment Parameter Detection [C] // Proceedings of IEEE International Symposium on Electromagnetic Compatibility and 2018 IEEE Asia – Pacific Symposium on Electromagnetic Compatibility（EMC/APEMC）. Davos, Switzerland, 2018：956 – 958.

[14] CHEN X, HE Y N, CUI W Z. Broadband Dual – Port Intermodulation Generator for Passive Intermodulation Measurements [J]. IEEE Microwave and Wireless Components Letters, 2017, 27（5）：518 – 520.

[15] 陈翔，双龙龙，孙冬全，等. 悬置非接触式低无源互调波导法兰转换方法 [J]. 西安交通大学学报，2020，54（5）：117 – 123.

[16] BOLLI P, SELLERI S, PELOSI G. Passive Intermodulation on Large Reflector Antennas [J]. IEEE Antenna's and Propagation Magazine, 2002, 44（5）：13 – 20.

[17] 陈翔. 无源互调的时域检测及其在网状反射面天线 PIM 定位中的应用 [C]. 中国电子学会. 2018 年全国微波毫米波会议论文集（下册）. 中国电子学会：中国电子学会微波分会，2018：131 – 134.

[18] HIENONEN S, VAINIKAINEN P, RAISANEN A V. Sensitivity Measurements of a Passive Intermodulation Near – field Scanner [J]. IEEE Antenna's and Propagation Magazine, 2003, 45（4）：124 – 12.

[19] 王辉球. 无源互调问题的初步研究 [D]. 西安：航天工业总公司第五零四研究所，1997.

[20] 张世全. 微波与射频频段无源互调干扰研究 [D]. 西安：西安电子科技

大学，2004.

［21］ BOYHAN J W，LENZING H F，KODURU C. Satellite Passive Intermodula-
tion：Systems Considerations［J］. IEEE Transactions on Aerospace and Elec-
tronic Systems，1996，32（3）：1058 – 1064.

［22］ 王海宁，梁建刚，王积勤，等. 高功率微波条件下的无源互调问题综述
［J］. 微波学报，2005，21（增刊）：1 – 6.

［23］ HENRIE J J. A Study of Passive Intermodulation in Coaxial Cable Connectors
［D］. West Lafayette：Purdue University，2009.

［24］ ENG K Y，STERN T E. The Order – and – Type Prediction Problem Arising
from Passive Intermodulation Interference in Communications Satellites［J］.
IEEE Transactions on Communications，1981，29（5）：549 – 555.

［25］ 叶鸣，贺永宁，王新波. 基于粗糙表面模型的微波波导连接的无源互调
研究［J］. 微波学报，2010，26（4）：65 – 69.

［26］ KHATTAB T E. The Effect of High Power at Microwave Frequencies on the Linear-
ity of Non – Polar Dielectrics in Space RF component［J］. International Journal
of Communications Network & System Sciences，2015，8（2）：11 – 18.

［27］ BAYRAK M，BENSON F A. Intermodulation Products from Nonlinearities in
Transmission Lines and Connectors at Microwave Frequencies［J］. Proceed-
ings of the Institution of Electrical Engineers，1975，122（4）：361 – 367.

［28］ 叶鸣，吴驰，贺永宁，等. S 波段波导同轴转换器的无源互调特性实验
研究［J］. 电波科学学报，2015，30（1）：183 – 187.

［29］ WILKERSON J R，KILGORE I M，GARD K G，et al. Passive Intermodula-
tion Distortion in Antennas［J］. IEEE Transactions on Antennas & Propaga-
tion，2015，63（2）：474 – 482.

［30］ 江洁，李团结，梅宇健，等. 微波负载电热耦合的无源互调分析［J］.
西安电子科技大学学报，2016，43（3）：179 – 184.

［31］ 网络部. 2011 年工兵行动报告［EB/OL］.（2012 – 01 – 12）http：//
www. taodoos. com/p – 106545922/html.

［32］ 赵培. 无线通信 UHF 频段的无源互调干扰研究［D］. 北京：北京邮电
大学，2015.

［33］ 赵培. 多级串联效应及宽带问题研究［C］//2016 年移动通信无源互调
研讨会，西安，2016.

［34］ 周益春，等. 物理力学前沿，卷 II［M］. 北京：科学出版社，2018.

第 2 章

微波部件无源互调的产生机理

|2.1 概述|

通常，PIM 存在于任何收发共用的系统中，在地面设备与空间设备中均存在。在发射系统中，虽然 PIM 产物的幅度远低于发射信号的幅度，不会影响发射信号的质量，但如果这些微弱的 PIM 产物进入高灵敏度的接收机，就极有可能超过接收机的热噪声底带，进而影响系统的正常工作。对于地面移动通信系统，其发射功率相对较低，接收机对 PIM 电平的要求也较低；但在空间通信系统中，星地之间距离远、衰减大，要求星上发射功率增大、接收灵敏度提高，因此接收机对 PIM 电平的要求更高，甚至在微波部件中存在的极弱的非线性也能导致 PIM 干扰信号淹没接收信号。

系统中的 PIM 有两种类型：材料非线性；接触非线性。材料非线性是指具有非线性导电特性材料媒质的固有非线性特性，如铁磁材料；接触非线性是指具有非线性电流/电压特性的接触引起的非线性，如经氧化和腐蚀的金属接触表面。为了避免 PIM，通常选用具有弱非线性的材料来进行部件设计，而接触非线性在微波无源部件中不可避免，是产生电磁波干扰的主要根源。因此，本章将介绍微波部件的接触非线性及其与 PIM 的关系。

鉴于空间通信系统的微波部件所用的材料多是铝合金镀银，本章将以空间微波部件中大量存在的 Ag – Ag 接触为研究对象，结合量子隧穿、热电子发射等主要的载流子非线性输运过程，确定金属接触结的主要非线性输运物理机制，从而获得微凸体接触非线性电流密度方程；通过将单点结构非线性电流特性方程和微波部件接触结微凸体接触蒙特卡罗法相结合，实现对接触界面非线性面电流的统计分析，系统研究表面材料、表面形貌、连接压力对面接触非线性特性的影响规律。此外，本章将介绍电热耦合效应，并分析基于电热耦合效应的 PIM 产生机理；探索并初步揭示 PIM 的复杂形成机理，为微波部件的 PIM 分析、评价、抑制提供科学理论依据。

|2.2　单点结构的非线性输运物理机制研究|

2.2.1　铝合金银镀层试样表面成分的实验研究

为了确定实际微波部件金属表面的氧化物和沾污物类型，本章选择与微波部件加工过程类似的铝合金镀银试样，对比每种试样在超高真空条件下清洗前后试样表面 XPS（X-ray Photoelectron Spectroscopy，X 射线光电子能谱）的变化。测试得到的表面成分如表 2-1 所示。

表 2-1　铝合金镀银试样清洗前后的表面成分（XPS）　　　　%

表面元素	Ag	C	O	Cr
铝合金镀银试样	13.7	34.4	43.4	8.5
有机溶剂清洗	18.3	27.5	42.4	11.9
有机溶剂清洗 加 Ar 等离子清洗	79.3	0	20.7	0

在未对试样进行有机溶剂清洗的条件下，镀银试样表面 XPS 分析表明，其表面存在有机分子沾污；在经过有机溶剂清洗之后，镀银试样表面 C 成分的比例下降，Ag 和 O 成分的比例升高；继续进行 Ar 等离子体清洗后，C 成分几乎完全消失，但是 Ag 和 O 成分的比例接近 Ag_2O 原子比。由此可知，铝合金镀银试样表面存在碳氢氧分子沾污，且在镀银层表面形成了 Ag_2O 层。

然后，对在普通环境中放置变色的镀银试样表面进行了扫描电子显微镜（SEM）观测，如图 2-1 所示，与原始较为光滑的表面相比，变色试样表面已经出现一层多晶 Ag_2O 颗粒物，氧化物晶粒大小约为 20 nm。因此在镀银微波部件中的加工、放置和装配过程中，尽量避免潮湿普通环境，应该在干燥无腐蚀性环境中进行，这有利于防止变色锈蚀现象。

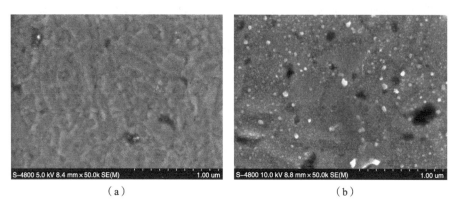

（a）　　　　　　　　　　　　　　　　（b）

图 2 - 1　镀银试样原始表面和放置氧化变色表面 SEM 图像

（a）原始表面；（b）放置氧化变色表面

2.2.2　MOM 结构界面势垒模型及载流子输运机制

在实际的微波部件金属镀层自然低温氧化过程形成的氧化膜中，存在一定浓度的施主和受主缺陷。接下来，根据氧化物中存在的缺陷类型，分情况讨论分析基于金属表面超薄氧化层的 MOM（Metal - Oxide - Metal）结构的势垒模型、模型参数以及主要的输运方程。

2.2.2.1　氧化层中以施主型缺陷为主的 MOM 结构分析

在此，以银表面形成 Ag_2O 为例进行分析。在 Ag_2O 形成过程中产生的缺陷有 Ag 间隙、氧空位以及杂质浅施主等，其中浅施主缺陷电离成 n 型半导体，相比于本征半导体，费米能级 E_F 向导带底靠近，金属功函数大于氧化物功函数，在这种情况下，MO（Metal Oxide）界面形成肖特基接触势垒，隧穿电流和肖特基热发射电流为主要电流机制。这里给出弱 n 型 Ag_2O MOM 结构的热平衡势垒模型及其在偏置电压（简称"偏压"）条件下的势垒模型，如图 2 - 2 所示。

对于弱 n 型氧化物，可近似视为介质层，外加电压下氧化层中为匀场；对于强 n 型氧化物，氧化层耗尽区能够屏蔽电场，在外加电压较小的条件下，将主要降落在反偏的界面上，耗尽层向氧化物中展宽，在薄氧化层条件下也可近似为匀场条件。

在不考虑镜像力效应的条件下，有

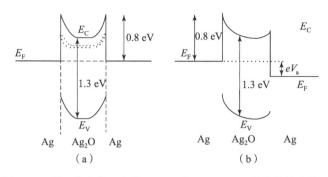

图 2 - 2　热平衡和偏压条件下弱 n 型 Ag₂O MOM 结构的势垒模型

（a）不加偏压；（b）加偏压

E_C—导带能级；E_F—费米能级；E_V—价带能级

$$\phi_{bn} = \phi_m - \chi_{ox} \tag{2-1}$$

式中，ϕ_{bn}——考虑镜像力效应的势垒高度；

ϕ_m——金属和半导体接触的势垒高度；

χ_{ox}——氧化物的电子亲和能。

根据固体电子学中热电子发射理论，得到 MOM 结构的热电子发射电流公式为

$$J_{Th}(V_a) = AT^2 \exp\left(-\frac{e\phi_{b0}}{k_B T}\right)\left(1 - \exp\left(-\frac{eV_a}{k_B T}\right)\right) \tag{2-2}$$

式中，V_a——偏置电压（V）；

A——有效理查逊常数，取值为 $\dfrac{4\pi m e k_B^2}{h^3}$，$m$ 为电子质量，k_B 为玻尔兹曼常数，h 为普朗克常数；

T——温度（K）；

ϕ_{b0}——MOM 结构不考虑镜像力效应下的势垒高度（eV）。

在考虑镜像力效应的条件下，则得到更准确的热电子发射电流公式为

$$J_{Th,image}(V_a) = AT^2 \exp\left(-\frac{e(\phi_{b0} - \Delta\phi_{image})}{k_B T}\right)\left(1 - \exp\left(-\frac{eV_a}{k_B T}\right)\right) \tag{2-3}$$

Simmons 假设在外加偏压条件下，空间电荷限制效应可以忽略、氧化物接触电极间的场强足够大，且两电极间氧化物上的电场分布为匀场条件，得到了经典的 Simmons 热电子发射电流公式。按照 Simmons 理论，MOM 结构的热电子发射公式为

$$J_{Th,Simmons}(V_a) = AT^2 \exp\left(\frac{\sqrt{14.4(7 + eV_a\varepsilon_{ox}t_{ox})} - \varepsilon_r t_{ox}\phi_{b0}}{\varepsilon_{ox}t_{ox}k_B T}\right)\left(1 - \exp\left(-\frac{eV_a}{k_B T}\right)\right)$$

$$\tag{2-4}$$

式中，ε_{ox}——氧化层的相对介电常数；

t_{ox}——氧化层的厚度。

即在 Simmons 理论中，镜像力势垒降低效应约为

$$\Delta\phi_{image} = \frac{\sqrt{14.4(7 + eV_a\varepsilon_{ox}t_{ox})}}{\varepsilon_{ox}t_{ox}} \quad (2-5)$$

事实上，我们所研究的金属表面自然氧化形成超薄氧化物后接触界面的 MOM 结构，并不满足 Simmons 理论中的假设条件，即弱场下的热发射电流和后面的隧穿电流对接触非线性理论分析是必不可少的。Simmons 理论中的镜像力势垒降低效应的推导经过了近似和拟合，我们采用的是 Simmons 理论之后基于库仑作用发展起来的较为准确的镜像力势垒降低效应模型。如图 2-3 所示，在匀场条件下氧化物中的势函数为

$$-\phi(x) = -\frac{e}{16\pi\varepsilon_{ox}\varepsilon_0 x} - Ex \quad (2-6)$$

式中，x——以金属–氧化物为起始的氧化层中的位置；

$-\dfrac{e}{16\pi\varepsilon_{ox}\varepsilon_0 x}$——根据镜像电荷库仑作用推导而来的势函数，$\varepsilon_0$ 为真空介电常数；

E——电场强度，

$$E = \frac{V_a}{t_{ox}} \quad (2-7)$$

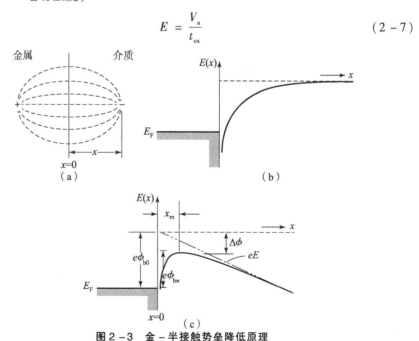

图 2-3 金–半接触势垒降低原理

（a）电荷镜像原理示意；（b）金–半接触势垒模型；（c）考虑镜像力的金–半接触势垒模型

根据 $\dfrac{\mathrm{d}(e\phi(x))}{\mathrm{d}x} = 0$，求得 x_m 处为势垒最高位置，即

$$x_\mathrm{m} = \sqrt{\frac{e}{16\pi\varepsilon_\mathrm{ox}\varepsilon_0 E}} \qquad (2-8)$$

从而得到镜像力导致的势垒降低幅度为

$$\Delta\phi_\mathrm{image} = \sqrt{\frac{eE}{4\pi\varepsilon_\mathrm{ox}\varepsilon_0}} \qquad (2-9)$$

将其代入式（2-3），得到考虑镜像力效应的热电子发射电流公式为

$$J_\mathrm{Th,ox}(V_\mathrm{a}) = AT^2\exp\left(-\frac{e\phi_\mathrm{b0}}{k_\mathrm{B}T}\right)\exp\left(\sqrt{\frac{e^3 V_\mathrm{a}}{4\pi\varepsilon_\mathrm{ox}\varepsilon_0 t_\mathrm{ox}}}\Big/(k_\mathrm{B}T)\right)\left(1 - \exp\left(-\frac{eV_\mathrm{a}}{k_\mathrm{B}T}\right)\right)$$

$$(2-10)$$

以 $\mathrm{Ag_2O}$ 的参数为例进行分析，在 $t_\mathrm{ox} = 10\ \mathrm{nm}$、$V_\mathrm{a} = 100\ \mathrm{mV}$、$\varepsilon_\mathrm{ox} = 3.2$ 条件下，$x_\mathrm{m} = 3.35\ \mathrm{nm}$。

$$\Delta\phi = \sqrt{\frac{eE}{4\pi\varepsilon_\mathrm{ox}\varepsilon_0}} = 0.067\ \mathrm{V}$$

事实上，式（2-9）只有在 $x_\mathrm{m} \leqslant t_\mathrm{ox}$ 的条件下（即氧化层足够厚的条件下）才成立，此时热电子发射电流公式（式（2-10））必须满足条件 $x_\mathrm{m} \leqslant t_\mathrm{ox}$，即只有在 $V_\mathrm{a} \geqslant \dfrac{e}{16\pi\varepsilon_\mathrm{ox}\varepsilon_0 t_\mathrm{ox}}$ 的外加偏压下才成立。实际上，自然形成的氧化层很薄，当满足 $x_\mathrm{m} = \sqrt{\dfrac{e}{16\pi\varepsilon_\mathrm{ox}\varepsilon_0 E}} \geqslant t_\mathrm{ox}$ 的条件时（即 $V_\mathrm{a} \leqslant \dfrac{e}{16\pi\varepsilon_\mathrm{ox}\varepsilon_0 t_\mathrm{ox}}$ 的场强条件下），势垒降低幅度为

$$\Delta\phi = \frac{e}{16\pi\varepsilon_\mathrm{ox}\varepsilon_0 t_\mathrm{ox}} + V_\mathrm{a} \qquad (2-11)$$

将其代入式（2-10），得到

$$J_\mathrm{Th,ox}(V_\mathrm{a}) = AT^2\exp\left(-\frac{e\phi_\mathrm{b0}}{k_\mathrm{B}T}\right)\exp\left(\frac{\dfrac{e^2}{16\pi\varepsilon_\mathrm{ox}\varepsilon_0 t_\mathrm{ox}} + eV_\mathrm{a}}{k_\mathrm{B}T}\right)\left(1 - \exp\left(-\frac{eV_\mathrm{a}}{k_\mathrm{B}T}\right)\right)$$

$$= AT^2\exp\left(-\frac{e}{k_\mathrm{B}T}\left(\phi_\mathrm{b0} - \frac{e}{16\pi\varepsilon_\mathrm{ox}\varepsilon_0 t_\mathrm{ox}}\right)\right)\left(\exp\left(\frac{eV_\mathrm{a}}{k_\mathrm{B}T}\right) - 1\right)$$

$$(2-12)$$

热发射电流过程（图 2-4）对氧化物势垒高度及外加偏压的依赖性较强，相比之下，根据量子隧穿理论计算 MOM 结构的氧化层薄势垒的电子隧穿过程不仅依赖于氧化物势垒高度，而且对势垒形状（即势垒沿着隧穿方向的函数）具有强烈的依赖性。根据基于 WKB[J] 近似（WKB[J] approximation）的

Simmon理论，可得出外加偏压 V_a 下隧穿电流的通用表达式，即

$$J_{Tu}(V_a) = J_0 \bar{\phi} \exp(-K\bar{\phi}^{1/2}) - J_0(\bar{\phi} + eV_a) \exp(-K(\bar{\phi} + eV_a)^{1/2})$$

$$(2-13)$$

式中，$\bar{\phi}$——加负压的左电极的费米能级之上的势垒高度平均值。

$$J_0 = \frac{e}{2\pi h t_{ox}^2} \qquad (2-14)$$

$$\bar{\phi} = \frac{1}{t_{ox}} \int_{s_1}^{s_2} \phi(x)\,\mathrm{d}x \qquad (2-15)$$

式中，s_1, s_2——氧化层两边的位置。

$$K = (4\pi t_{ox}/h)\sqrt{2m} \qquad (2-16)$$

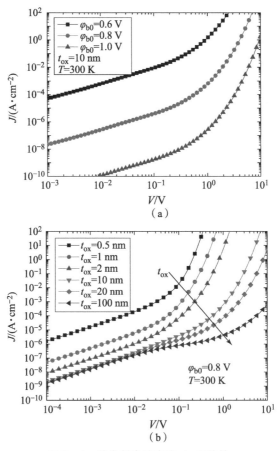

图 2-4　热发射电流密度 $J-V$ 特性

（a）不同接触电势对电流密度的影响；（b）不同氧化层厚度对电流密度的影响

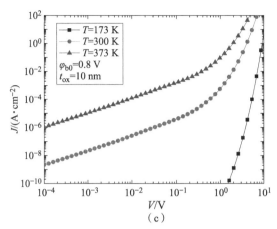

图 2 - 4 热发射电流密度 $J - V$ 特性 (续)

(c) 不同温度对电流密度的影响

如图 2 - 5 所示,式 (2 - 13) 中的第一项可看作由左电极流到右电极的电流,第二项则为右电极流到左电极的电流,二者相减得到在偏压 V_a 条件下左电极流入右电极的净量子隧穿电流。

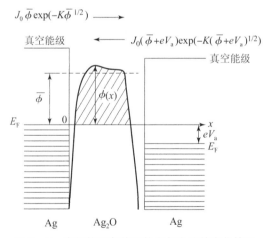

图 2 - 5 在加偏压条件下势垒与电流的变化情况

考虑镜像力和氧化物层上场分布为匀场的条件,Simmons 给出了量子隧穿电流计算公式,即

$$J_{TU}(V_a) = \frac{6.2 \times 10^{10}}{t_{ox}^2}(\phi_I \exp(-1.025 t_{ox} \phi_I^{1/2}) -$$

$$(\phi_I + V_a) \exp(-1.025 t_{ox}(\phi_I + V_a)^{1/2})) \qquad (2 - 17)$$

式中,

$$\phi_1 = \phi_{b0} - \frac{V_a}{2s}(s_1 + s_2) - \frac{5.75}{\varepsilon_{ox}(s_2 - s_1)} \ln\left(\frac{s_2(s - s_1)}{s_1(s - s_2)}\right) \qquad (2-18)$$

s. t. $\quad s_1 = 6/(\varepsilon_{ox}\phi_{b0})$

$$s_2 = \begin{cases} s(1 - 46/(3\phi_{b0}\varepsilon_{ox}s + 20 - 2V_a\varepsilon_{ox}s)) + 6/(\varepsilon_{ox}\phi_{b0}), & V_a < \phi_{b0} \\ (\phi_{b0}\varepsilon_{ox}s - 28)/(\varepsilon_{ox}V_a), & V_a > \phi_{b0} \end{cases}$$

式中，s——以金属–氧化层界面为起始，在氧化层中的位置。

另外，由于射频连接接触非线性电流往往是一个极弱的信号，因此还需要考虑极小电压下的 $J-V$ 关系，即在 $V_a \approx 0$ 条件下，

$$J_{TU}(V_a) = \frac{3.16 \times 10^{10}}{t_{ox}^2}(\phi_1 \exp(-1.025t_{ox}\phi_L^{1/2}) -$$
$$(\phi_1 + V_a)\exp(-1.025t_{ox}(\phi_1 + V_a)^{1/2})) \qquad (2-19)$$

式中，

$$\phi_1 = \phi_{b0} - \frac{5.75}{\varepsilon_{ox}(s_2 - s_1)}\ln\left(\frac{s_2(s - s_1)}{s_1(s - s_2)}\right) \qquad (2-20)$$

s. t. $\quad s_1 = 6/(\varepsilon_{ox}\phi_{b0})$

$$s_2 = 1 - 6/(\varepsilon_{ox}\phi_{b0})$$

事实上，在极小电压下，$J-V$ 是线性的，如图 2–6 所示。也就是即使 MOM 结构上存在隧穿电流，在接触结上阻抗较小的条件下，界面氧化物依旧类似一个线性电阻，如果微波部件接触阻抗满足该条件，那么这种条件下需分析产生 PIM 的其他非线性特性。

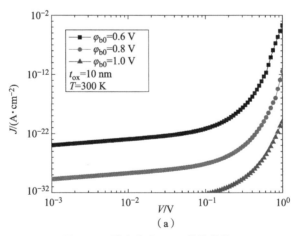

图 2–6　隧穿电流 $J-V$ 特性曲线

（a）不同势垒高度对电流密度的影响

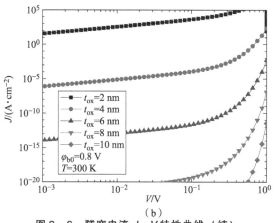

图 2 - 6　隧穿电流 $J - V$ 特性曲线（续）

（b）不同氧化层厚度对电流密度的影响

2.2.2.2　氧化层中以受主型缺陷为主的 MOM 结构势垒模型及其输运方程

Ag_2O 中的受主型缺陷主要是在氧化银的制备过程中形成的银空位和引入的受主杂质。当 Ag_2O 中存在大量受主型缺陷时，称为一个 p 型半导体。在弱 p 型条件下，随着空穴浓度的增加，金属功函数 ϕ_m 从大于氧化物功函数 ϕ_{ox} 向与氧化物功函数相等变化。根据半导体理论，在 $\phi_m > \phi_{ox}$ 的条件下，金属和氧化物界面形成 p 型反阻挡层，如图 2 - 7 所示。

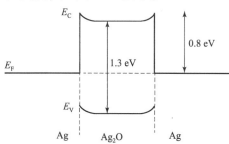

图 2 - 7　金属和氧化物界面形成 p 型反阻挡层过程示意图

反阻挡层实际上是很薄的高电导层，它对氧化物和金属的接触电阻影响很小。也就是说，在外加偏压条件下，氧化层上的电导过程不再受电极接触势垒的影响，而由体过程控制。其电流密度 J_{L0} 与电场强度 E 的依赖关系为

$$J_{L0} = \sigma_0 E \tag{2-21}$$

式中，σ_0——电导率，$\sigma_0 = p_{ox} e u$，

$$p_{ox} = N_V \exp\left(-\frac{E_F - E_V}{k_B T}\right) \tag{2-22}$$

式中，N_V——价带有效状态密度，

$$N_V = 2 \left(\frac{2\pi m k_B T}{h^2} \right)^{3/2} \tag{2-23}$$

如果近似取室温下 $N_V = 2.5 \times 10^{19} / \text{cm}^3$，那么

$$p_{ox} = 2.5 \times 10^{19} \exp \left(-\frac{0.5}{0.025\ 6} \right)$$

$$= 8.23 \times 10^{10} / \text{cm}^3 \tag{2-24}$$

取 $u = 100\ \text{cm}^2/(\text{V} \cdot \text{s})$，可得到室温下的电流密度为

$$J_{L0} = \sigma_0 E = 8.23 \times 10^{10} \times 10^6 \times 1.6 \times 10^{-19} \times 100 \times 10^{-4} \frac{V_a}{t_{ox}}$$

$$= 1.3 \times 10^{-4} \frac{V_a}{t_{ox}} (\text{A/m}^2) \tag{2-25}$$

即在室温下，$J - V$ 为线性依赖关系。但是，电导率是温度的函数，温度越高，本征载流子的浓度就越大，同时在仅考虑晶格声子散射的条件下，温度越高，迁移率就越低。电导率对温度的非线性依赖关系可能导致电热耦合效应。

随着氧化银层中空穴浓度的增加，费米能级向价带顶靠近，其费米能级 E_{Fp} 对空穴浓度的依赖规律为

$$E_{Fp} = E_V + k_B T \ln \left(\frac{N_V}{p_0} \right) \tag{2-26}$$

式中，p_0——空穴浓度。

在强电离条件下，$p_0 \approx N_A$

$$E_{Fp} = E_V + k_B T \ln \left(\frac{N_V}{N_A} \right) \tag{2-27}$$

式中，N_A——Ag_2O 中的受主浓度。

氧化物的功函数 ϕ_{ox} 为

$$\phi_{ox} = \chi + E_g - k_B T \ln \left(\frac{N_V}{p_0} \right)$$

$$= 3.5 + 1.3 - k_B T \ln \left(\frac{N_V}{p_0} \right) \tag{2-28}$$

式中，χ——Ag_2O 的电子亲和势；

E_g——禁带宽度。

当氧化物中的空穴浓度大于 $8.23 \times 10^{10} / \text{cm}^3$ 时，金属的功函数小于氧化物功函数，根据半导体理论，p 型氧化物和金属的 MO 界面形成阻挡层。下面给出在 $\phi_m = \phi_{ox} = 4.5\ \text{eV}$，p 型氧化银和金属的 MO 界面形成阻挡层，且热平衡的条件下，MOM 结构势垒模型和偏压下的 MOM 结构势垒模型，如图 2-8 所示。

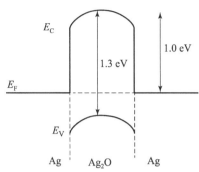

图 2 – 8　p 型氧化银的 MOM 结构势垒模型

空穴势垒的高度 ϕ_{bp} 由下式确定：

$$\phi_{bp} = \chi + E_g - \phi_m = 0.5 \text{ eV} \tag{2 - 29}$$

对于微波部件镀银层的自然氧化过程包括氧化过程中形成银空位，根据低温氧化动力学过程初步判断低温热氧化形成的 Ag_2O 中存在从金属 – 氧化层到氧化层 – 大气的银空位分布，具体要根据可控低温氧化过程实验研究确定。

2.2.3　镀银表面金属接触 MOM 单点结构的基本非线性方程

由前面的分析可知，受界面势垒影响的非线性电流机制主要包括热发射电流、直接隧穿电流和 F – N（Fowler – Nordheim）场发射隧穿电流，受体效应影响的非线性电流机制主要包括 P – F（Pool – Frenkel）热发射电流和空间电荷限制电流。对实际的 MOM 结构，由于氧化层的薄膜厚度、薄膜中的缺陷和温度等有所不同，影响 MOM 非线性电流的主要机制也会随之改变。事实上，隧穿电流只在氧化层厚度较薄时起作用，随着氧化层厚度的增加，隧穿电流会迅速减小。因此，对实际的 MOM 结构需要按不同情况分别给出非线性电流的综合特性。

2.2.3.1　MOM 单点结构的基本非线性方程

（1）考虑镜像力势垒降低效应的热发射电流 $J – V$ 关系。

当 $V_a \leqslant \dfrac{e}{16\pi\varepsilon_{ox}\varepsilon_0 t_{ox}}$ 时，有

$$J_{Th,ox}(V_a) = AT^2 \exp\left(-\frac{e}{k_B T}\left(\phi_{b0} - \frac{e}{16\pi\varepsilon_{ox}\varepsilon_0 t_{ox}}\right)\right)\left(\exp\left(\frac{eV_a}{k_B T}\right) - 1\right) \tag{2 - 30}$$

当 $V_a \geqslant \dfrac{e}{16\pi\varepsilon_{ox}\varepsilon_0 t_{ox}}$ 时，有

$$J_{Th,ox}(V_a) = AT^2 \exp\left(-\frac{e\phi_{b0}}{k_B T}\right)\exp\left(\frac{\sqrt{\dfrac{e^3 V_a}{4\pi\varepsilon_{ox}\varepsilon_0 t_{ox}}}}{k_B T}\right)\left(1 - \exp\left(-\frac{eV_a}{k_B T}\right)\right) \tag{2 - 31}$$

（2）考虑镜像力和氧化物层上场分布为匀场情况的量子隧穿电流计算公式。

$$J_{TU}(V_a) = \frac{6.2 \times 10^{10}}{t_{ox}^2}(\phi_I \exp(-1.025 t_{ox}\phi_I^{1/2}) -$$

$$(\phi_I + V_a)\exp(-1.025 t_{ox}(\phi_I + V_a)^{1/2})) \qquad (2-32)$$

式中，

$$\phi_I = \phi_{b0} - \frac{V_a}{2s}(s_1 + s_2) - \frac{5.75}{\varepsilon_{ox}(s_2 - s_1)}\ln\frac{s_2(s - s_1)}{s_1(s - s_2)} \qquad (2-33)$$

s.t. $\quad s_1 = 6/(\varepsilon_{ox}\phi_{b0})$

$$s_2 = \begin{cases} s(1 - 46/(3\phi_{b0}\varepsilon_{ox}s + 20 - 2V_a\varepsilon_{ox}s)) + 6/(\varepsilon_{ox}\phi_{b0}), & V_a < \phi_{b0} \\ (\phi_{b0}\varepsilon_{ox}s - 28)/(\varepsilon_{ox}V_a), & V_a > \phi_{b0} \end{cases}$$

（3）F－N 场发射电流 $J-V$ 特性。

$$J_{FN} = \frac{e^3}{8\pi h}\frac{V_a^2}{\phi_{b0}t_{ox}^2}\exp\left(-\frac{4\sqrt{2m^*}}{3e}\frac{\phi_{b0}^{3/2}t_{ox}}{V_a}\right) \qquad (2-34)$$

（4）P－F 热发射电流 $J-V$ 关系。

考虑氧化物中存在浓度为 N_t 的陷阱，陷阱的激活能为 E_t。

$$J_{PF} = J_{L0}\exp\left(\sqrt{\frac{e^3}{4\pi(k_BT)^2\varepsilon_{ox}\varepsilon_0}}E^{1/2}\right) \qquad (2-35)$$

式中，$J_{L0} = e\mu N_C\sqrt{\frac{N_d}{N_t}}\exp\left(-\frac{E_t + E_d}{2k_BT}\right)E$，$\mu$ 为电子迁移率，N_C 为导带有效状态密度，N_d 为施主杂质浓度，E_d 为能带结构中的能量。

（5）空间电荷限制电流。

考虑氧化物中存在浓度为 N_t 的陷阱，陷阱的激活能为 E_t。

当 $V_a \leq \frac{eN_t t_{ox}^2}{2\varepsilon_0\varepsilon_r}$ 时，有

$$J_{SP} = \frac{9\varepsilon_0\varepsilon_{ox}\mu V_a^2}{8t_{ox}^3} \qquad (2-36)$$

当 $V_a \geq \frac{eN_t t_{ox}^2}{2\varepsilon_0\varepsilon_r}$ 时，有

$$J_{SP} = \frac{9\varepsilon_0\varepsilon_{ox}\mu}{8t_{ox}^3}\Theta V_a^2 \qquad (2-37)$$

式中，$\Theta = \frac{N_C}{N_t}\exp\left(-\frac{E_t}{k_BT}\right)$。

2.2.3.2　MOM 单点结构的非线性电流综合特性

在此，以镀银表面接触 MOM 结构为例进行计算分析。当氧化银层为 n 型

或强 p 型时，Ag/Ag$_2$O 界面形成阻挡层势垒。当氧化层厚度较薄时，非线性电流主要由隧穿电流、热电子发射电流和 F－N 场发射电流决定。图 2－9、图 2－10 分别给出了氧化银层为 n 型和强 p 型时的 $J-V$ 关系曲线，氧化层厚度分别取 4 nm 和 5 nm。可以看出，当氧化层厚度较薄时，电流主要受隧穿电流影响；当氧化层厚度增加时，隧穿电流迅速减小，热发射起主要作用。

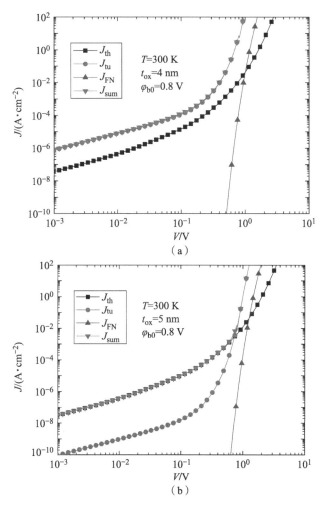

图 2－9　n 型阻挡层势垒薄氧化层 $J-V$ 特性曲线

（a）氧化层厚度为 4 nm 条件下的电流密度；

（b）氧化层厚度为 5 nm 条件下的电流密度

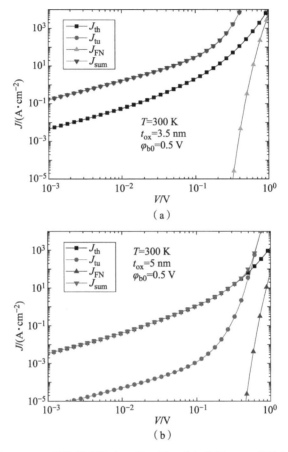

(a)

(b)

图 2 - 10　p 型阻挡层势垒（强 p 型）薄氧化层 J - V 特性曲线

（a）氧化层厚度为 3.5 nm 条件下的电流密度；

（b）氧化层厚度为 5 nm 条件下的电流密度

　　对于弱 p 型氧化银层，Ag 与 Ag₂O 形成欧姆界面接触，非线性电流主要受体效应影响，主要包括 P - F 热发射电流和空间电荷限制电流。当氧化层厚度较厚并且金属与氧化层之间形成阻挡层势垒时（强 p 型或 n 型），需要同时考虑接触界面的电流机制（热发射电流和 F - N 电流）和体效应机制（P - F 热发射电流、空间电荷限制电流和线性电流），如图 2 - 11、图 2 - 12 所示。

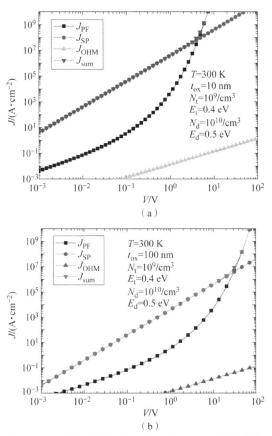

（a）

（b）

图 2-11　欧姆界面接触（弱 p 型）$J-V$ 特性曲线

（a）氧化层厚度为 10 nm 条件下的电流密度；

（b）氧化层厚度为 100 nm 条件下的电流密度

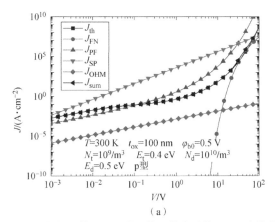

（a）

图 2-12　氧化层较厚且形成阻挡层势垒时的 $J-V$ 特性曲线

（a）强 p 型条件下的电流密度

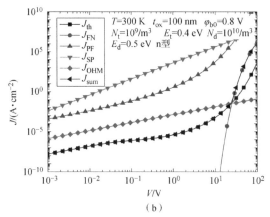

（b）

图 2－12　氧化层较厚且形成阻挡层势垒时的 $J－V$ 特性曲线（续）

（b）n 型条件下的电流密度

|2.3　微波部件力学连接结的微接触模型研究|

2.3.1　基于表面参数实验提取的微波部件接触经典力学模型

根据经典接触力学，采用三个主要的参量（微凸体面密度 η、微凸体高度标准差 σ 和微凸体半径 R）来描述微波部件表面形貌，这三个参数可以从 LSM（激光扫描显微镜）或 AFM（原子力显微镜）的三维形貌数据中提取。在接触力学的经典模型——GW（Greenwood Williamsons）模型中，两个粗糙表面的接触等效为一个光滑刚性平面与一个具有等效参数的粗糙表面的接触，如图 2－13 所示。

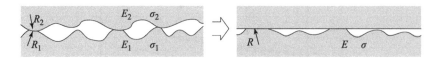

图 2－13　粗糙表面接触等效 GW 模型示意图

等效参数与原始粗糙表面形貌参数的关系如表 2－2 所示。单个微凸体的变形模型示意如图 2－14 所示。

表 2-2　等效参数与原始粗糙表面形貌参数的关系

等效半径	等效弹性模量	等效微凸体高度标准差
$\dfrac{1}{R} = \dfrac{1}{R_1} + \dfrac{1}{R_2}$	$\dfrac{1}{E^*} = \dfrac{1-\nu_1^2}{E_1} + \dfrac{1-\nu_2^2}{E_2}$	$\sigma^2 = \sigma_1^2 + \sigma_2^2$

注：E^* 为等效弹性模量；ν_1、ν_2 为两个接触面材料的泊松比。

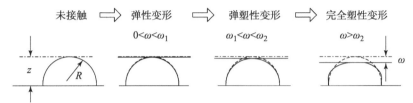

图 2-14　单个微凸体的变形模型示意

z—微凸体的高度

采用 M. R. Brake 提出的模型来计算单个微凸体的变形过程，计算公式如表 2-3 所示。采用 Ag 的力学参数对等效半径 $R = 45\ \mu m$ 的微凸体的变形过程进行计算，结果如图 2-15 所示。

表 2-3　单个微凸体力学计算模型

参数	完全弹性变形	弹塑性变形	完全塑性变形
压入深度 ω	$0 < \omega \leqslant \omega_1$	$\omega_1 < \omega \leqslant \omega_2$	$\omega > \omega_2$
接触面积 A_a	$\pi R \omega$	$\pi R \left(\omega + \left(\dfrac{\omega - \omega_1}{\omega_2 - \omega_1} \right)^2 \left(\omega_2 - \dfrac{\omega_2 + \omega_1}{\omega_2 - \omega_1} (\omega - \omega_2) \right) \right)$	$2\pi R \omega$
接触压强 P	$kH(\omega/\omega_1)^{1/2}$	$\dfrac{kH}{2\omega_1}(\omega + \omega_1) + \dfrac{H(\omega - \omega_1)^2}{2\omega_1(\omega_2 - \omega_1)^3}(6\omega_1\omega_2 - 3\omega_1\omega_2 k - 2\omega_2^2 k + \omega_1^2 k - 2\omega_1^2 + (-4\omega_1 + 3\omega_1 k + \omega_2 k)\omega)$	H
接触压力 F	$4/3 E^* R^{1/2} \omega^{3/2}$	$P A_a$	$2\pi R H \omega$

注：$\omega_1 = (3\pi kH/4E^*)^2 R$；$\omega_2 = 110\omega_1$；$k$ 为平均接触压力系数；H 为材料硬度。

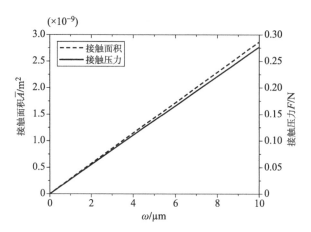

图 2-15　单个微凸体的变形过程

当基于前述单个微凸体接触理论获得了单个微凸体的接触面积与接触压强后，粗糙表面的接触面积与接触压强可采用如下的积分式得到。

粗糙表面的接触面积：

$$A_r(d) = \eta A_n \int_d^{+\infty} \bar{A}(l)\phi(z)\,\mathrm{d}z \tag{2-38}$$

粗糙表面的接触压强：

$$P(d) = \eta A_n \int_d^{+\infty} \bar{P}(l)\phi(z)\,\mathrm{d}z \tag{2-39}$$

粗糙表面的接触微凸体数目：

$$N_c = \eta A_n \int_d^{+\infty} \phi(z)\,\mathrm{d}z \tag{2-40}$$

式中，η——微凸体的面密度；

　　　A_n——名义接触面积；

　　　d——刚性平面与等效粗糙面表面高度均值间距。

这样，当接触的粗糙表面具有不同的微凸体形貌时，只需对单微凸体的接触面积 $\bar{A}$、接触压强 $\bar{P}$ 进行相应的计算，便可通过类似的积分计算来获得接触特性。

上述积分方法采用的是统计的方法，当样本数量较多，并且样本特征服从给定的分布时，该方法是有效的。但对于实际微波部件，由于对部件特性起主要作用的往往是接触截面边缘的一部分微凸体，这部分微凸体的个数是有限的，且由于部分微凸体是 MM（Metal-Metal）接触，不产生非线性，因此产生非线性的微凸体个数就更少了，此时非线性将有一定的随机性，这是无法采用积分方法描述的。另外，如果考虑非理想因素（如微凸体形状、微凸体半径的分布和摩擦等因素），积分的方法将使计算变得越来越复杂。因此这里采用蒙特卡罗法，对每个微凸体单独计算，从而使得分析过程变得简单，并且能够很方便地引入非理想因素。

2.3.2　基于经典 GW 统计模型的微凸体接触的蒙特卡罗法分析

采用蒙特卡罗法，不但可以得到每个微凸体的变形过程，而且可以更真实地描述在微凸体个数较少情况下的接触规律。蒙特卡罗法的计算过程：首先，根据实际微波部件表面微凸体高度分布的统计分布规律随机生成不同高度 h_i 的微凸体；然后，根据光滑平面的位置 d_i 来确定每个微凸体的压入深度 ω_i，利用对单个微凸体变形规律的分析来得到每个微凸体上的压力 F_i 和接触面积 A_i；之后将每个微凸体上的力进行求和，得到微波部件表面总的压力 F 为

$$F = \sum_i F_i \tag{2-41}$$

用总的压力 F 除以名义接触面积 A_n，可得到压强 P 为

$$P = \frac{F}{A_n} \tag{2-42}$$

对于表面存在氧化膜或沾污的微波部件接触截面，存在 3 种主要的单点结构接触类型，分别为金属 - 空隙 - 金属（Metal - Vacuum - Metal，MVM）接触、金属 - 氧化膜 - 金属（MOM）接触、金属 - 金属（MM）接触，如图 2 - 16 所示。其中，MVM 和 MOM 接触是非线性电流的主要来源，而 MM 接触是收缩电阻的主要影响因素，因此要分别进行统计。

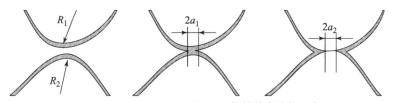

图 2 - 16　MVM、MOM 和 MM 接触单点结构示意

（a）MVM；（b）MOM；（c）MM

R_1, R_2—两个微凸体的曲率半径；a_1—微凸体发生弹性形变的接触半径；

a_2—微凸体发生塑性形变的接触半径

当两个微波部件表面接触时，随着接触压强的增加，对于任一单个微凸体，将从 MVM 接触变为 MOM 接触，进一步增加接触压强，氧化膜破裂变为 MM 接触，如图 2 - 17 所示。

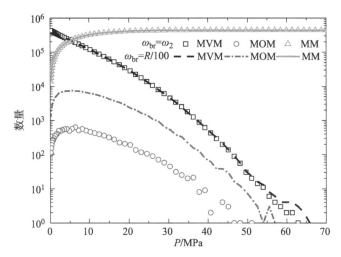

图 2 - 17　MOM 接触微凸体个数随接触压强的变化关系

目前，关于氧化膜破裂条件的定量计算还没有完整的理论。《电接触理论及其应用》一书中描述了早期 Osias 和 Trlpp 采用蜡泥塑料凸丘模型研究膜的机械破裂的定性结果。当外加接触力作用于凸丘时，顶部机体材料受力向外流动，使得圆顶边缘部分严重弯曲，膜首先在圆顶边缘发生圆周方向和径向的破裂，此时破裂主要发生在接触面外而不在接触面内；只有当凸丘进一步受力变形时，顶端接触部分的表面积在变形前后有很大变化，膜下层的基底金属大量流动，使膜碎裂。因此，在电接触理论描述中，只有在微观凸丘受力产生严重变形时，才出现金属的直接接触。以上分析表明，氧化膜的破裂直接与微凸体的变形量有关，因此我们用临界变形量 ω_{br} 作为氧化膜的破裂条件，当微凸体的压入深度达到该临界变形量时，氧化膜破裂。由此可以推断，微凸体半径越大，临界变形量就越大。因此，假设临界变形量正比于 R，则

$$\omega_{br} = k_{br} R \qquad\qquad (2 - 43)$$

式中，k_{br}——与金属和氧化膜材料力学性能、氧化膜厚度有关的常量。

由于 k_{br} 的值并不能确定，因此选择氧化膜的两种破裂条件（$\omega_{br} = \omega_2$，$\omega_{br} = R/100$）来对微凸体接触进行蒙特卡罗法分析，如图 2 - 18 所示。

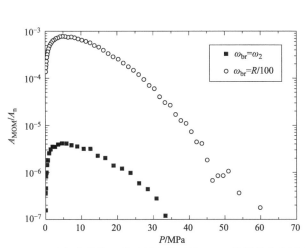

图 2-18　在氧化膜的两种破裂条件下的 MOM 接触微凸体面积
随接触压强的变化关系

2.3.3　镀银粗糙表面微接触的统计涨落分析

2.2.2 节的计算过程是在假设名义面积为 $10\ cm \times 10\ cm$ 的条件下（微凸体总数为 440 000 个）得到的统计规律，实际微波部件工作过程中起作用的接触面积通常要小于这个面积。例如，对于矩形波导（$a = 74\ mm$，$b = 34\ mm$），考虑受趋肤深度的影响，波导腔体只有靠近最里面的微凸体对 PIM 有贡献，估计总的微凸体的个数 N 为 981 个。

图 2-19 和图 2-20 分别计算了微凸体数量 N 为 98 100 和 981 时微凸体的相对高度分布和 MOM 接触微凸体的数量。微凸体高度标准差取 $50\ \mu m$，氧化膜破裂条件取 $\omega_{br} = R/10$，频率取 2.6 GHz。从图中可以看出，当 N 减小后，MOM 接触微凸体的个数有明显的涨落现象。

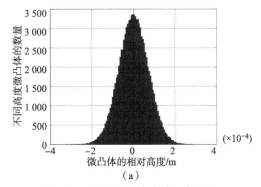

图 2-19　微凸体高度统计直方图

（a）$N = 98\ 100$

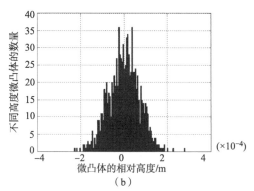

（b）

图 2 – 19　微凸体高度统计直方图（续）

（b）$N = 981$

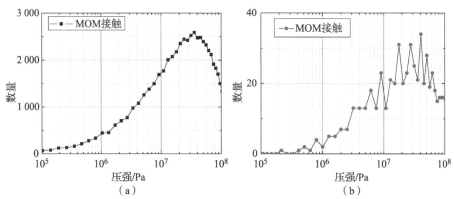

图 2 – 20　MOM 接触微凸体数量随接触压强的变化关系

（a）$N = 98\ 100$；（b）$N = 981$

2.4　微波部件金属接触界面的非线性电流理论分析方法

　　按照 G – W 接触模型，两个微波部件法兰平板接触可以等效为一个光滑刚性平面与一个粗糙表面的接触结构，如图 2 – 21 所示。对名义接触面积为 A_n 的接触结构，在接触压强 P 下，部分微凸体与光滑平面未接触，如图 2 – 21 中的微凸体③、④；部分微凸体与光滑平面接触但变形量较小，此时微凸体与光滑平面之间存在的氧化膜为 MOM 接触，如图 2 – 21 中的微凸体②，MOM 接触微凸体产生非线性电流和薄膜电容；部分微凸体与光滑平面接触并发生严重的塑性变形，表面氧化层被破坏，形成 MM 接触，如图 2 – 21 中的微凸体①、

⑤、⑥、⑦，MM 接触微凸体产生收缩电阻。

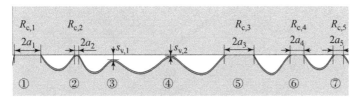

图 2 - 21　铝合金镀银平板接触局部示意图

$s_{v,1}$，$s_{v,2}$——微凸体与光滑平面的距离；$a_1 \sim a_5$——不同微凸体的接触半径

对 MOM 结构主要考虑隧穿电流和热发射电流，有

$$J_{nl} = J_{tu} + J_{th} \tag{2 - 44}$$

式中，

$$J_{tu} = \frac{6.2 \times 10^{14}}{4t_{ox}^2}\left(\left(\varphi_0 - \frac{V}{2}\right)\exp\left(-1.025 \times 2t_{ox}\left(\varphi_0 - \frac{V}{2}\right)^{1/2}\right) - \right.$$

$$\left. \left(\varphi_0 + \frac{V}{2}\right)\exp\left(-1.025 \times 2t_{ox}\left(\varphi_0 + \frac{V}{2}\right)^{1/2}\right)\right) \tag{2 - 45}$$

$$J_{th} = AT^2\exp\left(-\frac{e}{k_B T}\left(\varphi_0 - \frac{e}{16 \times 10^{-10}\pi\varepsilon_0\varepsilon_{ox} \times 2t_{ox}}\right)\right)\left(\exp\left(\frac{eV}{k_B T}\right) - 1\right)$$

$$\tag{2 - 46}$$

总的非线性电流密度为

$$J_{nl,tot} = \frac{1}{A_n}\sum_{i=1}^{i=N_{co}}\pi a_i^2 J_{nl,i} = \left(\sum_{i=1}^{i=N_{co}}\pi a_i^2/A_n\right)J_{nl} = \frac{A_{MOM}}{A_n}J_{nl} \tag{2 - 47}$$

式中，N_{co}——MOM 微凸体接触个数；

A_{MOM}——MOM 接触总面积，是接触压强的函数。

利用 LSM 结构提取样片表面现象形貌参数：微凸体面密度为 $4.4 \times 10^7 /\text{m}^2$，高度标准差为 7.6 μm，半径为 91 μm。对于银材料参数取值为：$\rho = 1.65 \times 10^{-8}\ \Omega \cdot \text{m}$，$H = 97$ MPa（实验测试值），$E = 75$ GPa，$\mu = 0.367$，$k = 0.577$，$\varepsilon_r = 8.8$，势垒高度 $\phi_0 = 0.8$ eV，氧化层厚度取为 1 nm。在弹性和弹塑性变形阶段，微凸体的形变量较小（几十纳米），此时氧化膜未破裂；当进入塑性变形阶段后，微凸体形变量进一步增加，当接触压力达到临界值后，氧化膜破裂，该微凸体接触由 MOM 接触转变为 MM 接触。该临界值与微凸体形状和材料力学性质有关，这里采用弹塑性变形与塑性变形的临界条件作为氧化膜破裂的条件。

图 2 - 22 给出了不同接触压强下处于不同变形阶段的微凸体数量。从图中可以看出，MM 接触微凸体的数量占绝大多数；随着压强的增加，所有微凸体最终都转化为 MM 接触；随着压强的增加，MOM 接触微凸体数量先增加后减少。

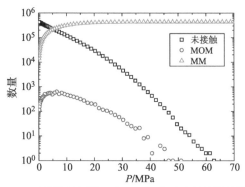

图 2 - 22　不同接触压强下处于不同变形阶段的微凸体数量

MOM 接触面积 A_{MOM} 与名义接触面积 A_n 之比是接触压强的函数，对该函数进行麦克劳林展开，并忽略高阶项，有

$$\frac{A_{MOM}(P)}{A_n} \approx \sum_{i=1}^{7} c_i P^i \qquad (2-48)$$

利用该多项式对图 2 - 23 进行拟合，得到各次项系数，如表 2 - 4 所示。

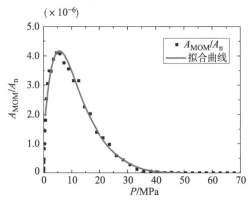

图 2 - 23　MOM 接触面积与名义接触面积之比随接触压强的变化关系曲线

表 2 - 4　拟合系数 c_i 的取值

压强/MPa	c_0	c_1	c_2	c_3	c_4	c_5
1 ~ 20	$1.267\,9 \times 10^{-6}$	$1.243\,8 \times 10^{-12}$	$-1.740\,4 \times 10^{-19}$	$8.937\,1 \times 10^{-27}$	$-1.857\,7 \times 10^{-34}$	$9.390\,5 \times 10^{-43}$
20 ~ 50	$1.099\,6 \times 10^{-5}$	$-1.104\,1 \times 10^{-12}$	$5.040\,2 \times 10^{-20}$	$-1.283\,7 \times 10^{-27}$	$1.747\,4 \times 10^{-35}$	$-9.775\,7 \times 10^{-44}$

非线性 $J - V$ 特性的多项式展开，有

$$J_{\mathrm{nl,tot}} = \frac{A_{\mathrm{MOM}}}{A_{\mathrm{n}}} J_{\mathrm{nl}} \approx \sum_{m=1}^{7} a_m V^m \qquad (2-49)$$

式中，a_m——多项式系数。

对其中 a_3、a_5 和 a_7 进行计算的结果如图 2 - 24 所示。

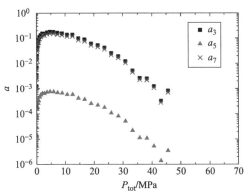

图 2 - 24　铝合金镀银平板试样不同压强下 a_3、a_5、a_7 的计算值

图 2 - 25 给出了各次项非线性电流随接触压强变化的关系曲线。从图中可以看出，各次项非线性电流均随接触压强的增加而先增加后减小。

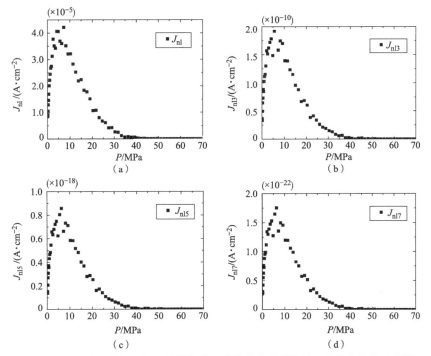

图 2 - 25　铝合金镀银平板面接触各次项非线性电流随接触压强的变化关系曲线
（a）1 次非线性电流；（b）3 次非线性电流；（c）5 次非线性电流；（d）7 次非线性电流

对于金材料面接触，考虑金表面存在吸附膜，微凸体的接触情况与银平板面接触情况类似。计算所用金的电学和力学参数：$\rho = 2.3 \times 10^{-8}\ \Omega \cdot cm$，$H = 200\ MPa$，$E = 84\ GPa$，$\mu = 0.42$，$k = 0.577$。图 2 – 26 给出了在相同表面形貌参数情况下镀金和镀银面接触非线性电流的比较。由于镀金和镀银表面的势垒的不同，镀金样片面接触非线性电流更小。因此，为了获得更低的 PIM 特性，对于实际的微波部件可以考虑选用镀金材料。

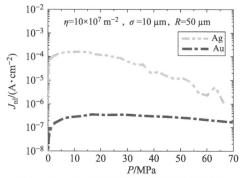

图 2 – 26　相同表面形貌参数情况下镀金和
镀银面接触非线性电流的比较

|2.5　微波部件接触非线性电流的解析推导|

单个微凸体与刚性光滑平面接触，随着接触压力的增加，微凸体逐渐变形。微凸体的变形过程分为三个阶段，即完全弹性变形、弹塑性变形、完全塑性变形。各个变形阶段的力学模型如表 2 – 3 所示。

实际微波部件表面由很多个微凸体构成，这些微凸体的高度服从高斯分布，有

$$\phi(z) = \frac{1}{\sqrt{2\pi}\sigma}\exp\left(-\frac{z^2}{2\sigma^2}\right) \tag{2-50}$$

由图 2 – 27 可见，在接触微凸体中，绝大部分微凸体处于完全塑性变形阶段。

总的接触压力为各个微凸体的受力之和，由于完全塑性变形阶段的微凸体数目占大多数，因此可以忽略其他类型接触对总的接触压力的贡献，即

$$F_{tot} = 2\pi RH\sum_i \omega_i = 2\pi RHN_{tot}\int_{d+\omega_2}^{\infty}(z-d)\phi(z)\,dz$$

$$= 2\pi RHN_{tot}\left(\frac{\sigma}{\sqrt{2\pi}}\exp\left(-\frac{(d+\omega_2)^2}{2\sigma^2}\right) - \frac{d}{2}\mathrm{erfc}\left(\frac{d+\omega_2}{\sigma\sqrt{2}}\right)\right) \tag{2-51}$$

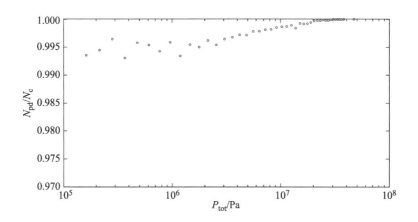

图 2-27 完全塑性变形阶段微凸体个数 N_{pd} 占总的接触微凸体个数 N_c 的比例随总的接触压强 P_{tot} 的变化关系曲线

式中，F_{tot}——总的接触压力；

N_{tot}——总的微凸体数目。

总的接触压强为

$$P_{tot} = \frac{F_{tot}}{A_n} = 2\pi RH \frac{N_{tot}}{A_n}\left(\frac{\sigma}{\sqrt{2\pi}}\exp\left(-\frac{(d+\omega_2)^2}{2\sigma^2}\right) - \frac{d}{2}\mathrm{erfc}\left(\frac{d+\omega_2}{\sigma\sqrt{2}}\right)\right)$$

$$= 2\pi RH\eta\left(\frac{\sigma}{\sqrt{2\pi}}\exp\left(-\frac{(d+\omega_2)^2}{2\sigma^2}\right) - \frac{d}{2}\mathrm{erfc}\left(\frac{d+\omega_2}{\sigma\sqrt{2}}\right)\right) \qquad (2-52)$$

MOM 的接触面积由完全弹性变形和弹塑性变形微凸体的接触面积之和构成。假设在变形的各个阶段，各个微凸体的接触面积均可以表示为

$$A_i = 2\pi R\omega_i = 2\pi R(z_i - d) \qquad (2-53)$$

由于 z_i 服从高斯分布 $\phi(z)$，故各接触微凸体的面积的分布函数可以表示为

$$F_A(y) = P\left\{d \leqslant z \leqslant \frac{y}{2\pi R} + d\right\}$$

$$= \int_{-\infty}^{\frac{y}{2\pi R}+d} \phi(z)\,\mathrm{d}z - \int_{-\infty}^{d} \phi(z)\,\mathrm{d}z \qquad (2-54)$$

则 MOM 的总接触面积为

$$A_{MOM} = \sum_{A_i \leqslant 2\pi R\omega_2} A_i = \frac{PA_n}{H}F_A(2\pi R\omega_2)$$

$$= \frac{\pi PA_n}{2H}\left(\mathrm{erf}\left(\frac{\omega_2 + d}{\sigma\sqrt{2}}\right) - \mathrm{erf}\left(\frac{d}{\sigma\sqrt{2}}\right)\right) \qquad (2-55)$$

总的非线性面电流为

$$I(P, V_a) = A_{MOM} J_{MOM}$$

$$= A_{MOM}\left((6.2 \times 10^{14}/t_{ox}^2)\left(\left(\phi_0 - \frac{V_a}{2}\right)\exp\left(-1.025 t_{ox}\left(\varphi_0 - \frac{V_a}{2}\right)^{1/2}\right) - \left(\varphi_0 + \frac{V_a}{2}\right)\exp\left(-1.025 t_{ox}\left(\varphi_0 + \frac{V_a}{2}\right)^{1/2}\right)\right) + AT^2\exp\left(-\frac{e}{k_B T}\left(\varphi_0 - \frac{e}{16 \times 10^{-10}\pi\varepsilon_0\varepsilon_{ox}t_{ox}}\right)\right)\left(\exp\left(\frac{eV_a}{k_B T}\right) - 1\right)\right)$$

$$(2-56)$$

式中，J_{MOM}——MOM 的电流密度。

总的非线性面电流密度为

$$J(P, V_a) = \frac{A_{MOM}}{A_n} J_{MOM}$$

$$= \frac{A_{MOM}}{A_n}\left((6.2 \times 10^{14}/t_{ox}^2)\left(\left(\varphi_0 - \frac{V_a}{2}\right)\exp\left(-1.025 t_{ox}\left(\varphi_0 - \frac{V_a}{2}\right)^{1/2}\right) - \left(\varphi_0 + \frac{V_a}{2}\right)\exp\left(-1.025 t_{ox}\left(\varphi_0 + \frac{V_a}{2}\right)^{1/2}\right)\right) + AT^2\exp\left(-\frac{e}{k_B T}\left(\varphi_0 - \frac{e}{16 \times 10^{-10}\pi\varepsilon_0\varepsilon_{ox}t_{ox}}\right)\right)\left(\exp\left(\frac{eV_a}{k_B T}\right) - 1\right)\right)$$

$$(2-57)$$

式中，

$$\frac{A_{MOM}}{A_n} = \frac{\pi P}{2H}\left(\mathrm{erf}\left(\frac{\omega_2 + d}{\sigma\sqrt{2}}\right) - \mathrm{erf}\left(\frac{d}{\sigma\sqrt{2}}\right)\right) \qquad (2-58)$$

$$d = f^{-1}(P) \qquad (2-59)$$

$$f(d) = 2\pi RH\eta\left(\frac{\sigma}{\sqrt{2\pi}}\exp\left(-\frac{(d+\omega_2)^2}{2\sigma^2}\right) - \frac{d}{2}\mathrm{erfc}\left(\frac{d+\omega_2}{\sigma\sqrt{2}}\right)\right) \qquad (2-60)$$

对式（2-58）进行计算得到的 A_{MOM} 与 A_n 的比值随接触压强的变化关系曲线如图 2-28 所示。从图中可以看出，利用式（2-58）计算得到的比值结果要大于采用蒙特卡罗法得到的结果。这是由于式（2-55）对于各个微凸体接触面积值的假设比实际值要大一些，因此得到最后总的 A_{MOM} 与 A_n 的比值要大一些。总的非线性电流密度 J_{nl} 随接触压强 P 变化的关系曲线如图 2-29 所示。

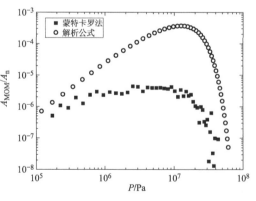

图 2-28　A_{MOM} 与 A_n 的比值随接触压强 P 变化的关系曲线

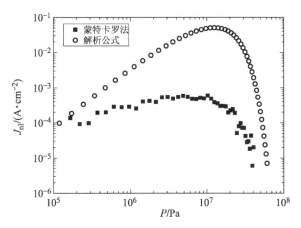

图 2－29　总的非线性电流密度 J_{nl} 随接触
压强 P 变化的关系曲线（电压 V 取 1 mV）

|2.6　电热耦合机理分析及无源互调产物建模分析|

除了接触非线性外，材料非线性也会产生 PIM。材料非线性研究的一个重要方面是电热耦合效应。本节将介绍电热耦合效应和微波部件基于电热耦合的 PIM 产生机理。

2.6.1　电热耦合效应

对于金属导体，有电流通过时自身会产生热量，并进一步导致自身的温度升高，而温度升高会导致电阻增大，这就是电热耦合效应。由于电热耦合效应的存在，在直流情况下，导体本身的电流－电压关系具有非线性特性。为了展示电热耦合效应的特征，在此选取钼丝为研究对象，对其在直流情况下的电流－电压关系进行测量。钼丝是编织网状天线的基础材料，其半径较小，具有较大的直流电阻，电热耦合效应较强。图 2－30 所示为长度为 10 cm 的镀金钼丝的电流－电压关系。钼丝分为两种：一种为表面镀金的；另一种为表面镀金后再镀介质的。直流测试设备为 Agilent2902A。关键测试选项设置：Speed：Medium，扫描 0～2 V 耗时约为 2.34 s。

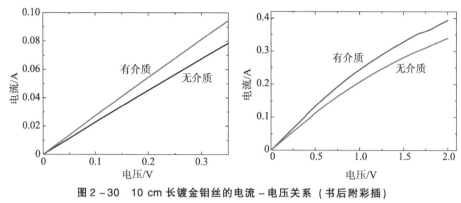

图 2-30　10 cm 长镀金钼丝的电流-电压关系（书后附彩插）

（a）0~0.35 V 区间；（b）0~2.0V 区间

从图 2-30（b）可以看出，随着电压由 0 增大到 2.0 V，电流由 0 增大到 0.4 A。在 0~0.35 V 低电压区，电流-电压关系是线性的，通过计算得到钼丝在该区间的电阻为 4 Ω；而在电压大于 0.5 V 的区域，电流-电压关系明显偏离了线性，与二极管的非线性电流-电压曲线特征不同的是，钼丝电流-电压曲线的斜率随着电压的增大而减小，这表明钼丝的电阻随着电压的增大而增大。当电压增大时，通过钼丝的电流增大，导致其温度升高，温度升高进一步导致电阻增大。所以图 2-30 中电流-电压曲线的斜率随着电压的增大而减小，即电阻随电压的增大而增大。虽然电流-电压关系是非线性的，但是在每一电压下每一时刻的导电特性都是欧姆型的，曲线的非线性来源于随着时间的积累钼丝温度的升高。然而，钼丝的温度不可能无限地升高，若所加电压固定，那么随着时间的增加，钼丝与周围空气进行的热交换将最终达到平衡，此时钼丝的温度不再变化，电阻也不再变化。因此，这类曲线与扫描过程密切相关，主要是所加电压的持续时间，此外还与热学环境有关（如导热系数、热交换系数等）。

2.6.2　高频场下的电热耦合效应及无源互调产生机理

前面介绍了直流情况下的电热耦合效应，对于微波情况，表面电流在导体表层几个趋肤深度的范围内流动，趋肤深度可由下式进行计算：

$$\delta = \sqrt{\frac{1}{\pi f \mu_0 \sigma}} \tag{2-61}$$

式中，f——射频电流的频率；

μ_0——材料的磁导率；

σ——材料的电导率。

根据麦克斯韦方程，有

$$
\begin{cases}
\nabla \times \boldsymbol{E} = -\mu \dfrac{\partial \boldsymbol{H}}{\partial t} \\[2mm]
\nabla \times \boldsymbol{H} = \boldsymbol{J} + \varepsilon \dfrac{\partial \boldsymbol{E}}{\partial t} = \sigma \boldsymbol{E} + \varepsilon \dfrac{\partial \boldsymbol{E}}{\partial t}
\end{cases}
\tag{2-62}
$$

由于电流密度 $\boldsymbol{J}$ 随时间变化，因此产生的热量随时间 t 变化，导致电导率 σ 随时间变化，而电导率与载波电场相互作用后，会有新频率的产物出现。对于热学方面，有

$$
\rho c \frac{\partial T}{\partial t} + \nabla \cdot (-\lambda \nabla T) = Q
\tag{2-63}
$$

式中，ρ——材料密度；

  c——材料比热；

  T——温度；

  t——时间；

  λ——材料的热传导系数；

  Q——单位体积内产生的热量，即热损耗。

根据电热耦合效应，有

$$
Q = \boldsymbol{J} \cdot \boldsymbol{E} = \sigma |\boldsymbol{E}|^2
\tag{2-64}
$$

要完全分析射频情况下的电热耦合效应，就需要联合多个公式进行求解。对于金属材料，其场在体内有分布，金属内部的 $\boldsymbol{E}$ 场和 $\boldsymbol{H}$ 场为

$$
\begin{cases}
\boldsymbol{H} = \boldsymbol{H}_0 \mathrm{e}^{-r/\delta} \cos(\omega t - r/\delta) \\[2mm]
\boldsymbol{E} = \sqrt{\dfrac{\mu \omega}{\delta}} \boldsymbol{H}_0 \mathrm{e}^{-r/\delta} \cos\left(\omega t - r/\delta + \dfrac{\pi}{4}\right)
\end{cases}
\tag{2-65}
$$

式中，$\boldsymbol{H}_0$——表面处的磁场强度。

对于单载波情况，在处理表面电流时，将其近似为在一个趋肤深度内分布，而电场和电流之间只相差一个电导率，也可以将电场进行类似处理，只考虑在一个趋肤深度内有电场。对于频率为 ω_1 和 ω_2 的双载波情况，假设振幅相等，相位相同，则有

$$
\begin{aligned}
Q &= \boldsymbol{J} \cdot \boldsymbol{E} = \sigma(\boldsymbol{E}_1 + \boldsymbol{E}_2)^2 \\[2mm]
&= \sigma \left(\sqrt{\frac{\mu \omega_1}{\delta_1}} \boldsymbol{H}_0 \mathrm{e}^{-r/\delta_1} \cos\left(\omega_1 t - r/\delta_1 + \frac{\pi}{4}\right) + \sqrt{\frac{\mu \omega_2}{\delta_2}} \boldsymbol{H}_0 \mathrm{e}^{-r/\delta_2} \cos\left(\omega_2 t - r/\delta_2 + \frac{\pi}{4}\right) \right)^2 \\[2mm]
&= \frac{\mu \omega_1}{2} \boldsymbol{H}_0^2 \mathrm{e}^{-2r/\delta_1} + \frac{\mu \omega_1}{2} \boldsymbol{H}_0^2 \mathrm{e}^{-2r/\delta_1} \cos\left(2\omega_1 t - 2r/\delta_1 + \frac{\pi}{2}\right) + \\[2mm]
&\quad \frac{\mu \omega_2}{2} \boldsymbol{H}_0^2 \mathrm{e}^{-2r/\delta_2} + \frac{\mu \omega_2}{2} \boldsymbol{H}_0^2 \mathrm{e}^{-2r/\delta_2} \cos\left(2\omega_2 t - 2r/\delta_2 + \frac{\pi}{2}\right) +
\end{aligned}
\tag{2-66}
$$

$$\mu \sqrt{\omega_1 \omega_2} H_0^2 e^{-r/\delta_1 - r/\delta_2} \cos\left((\omega_1 + \omega_2)\, t - r/\delta_1 - r/\delta_2 + \frac{\pi}{2} \right) +$$

$$\mu \sqrt{\omega_1 \omega_2} H_0^2 e^{-r/\delta_1 - r/\delta_2} \cos\left((\omega_1 - \omega_2)\, t - r/\delta_1 + r/\delta_2 \right) \qquad (2-66)\,续$$

式中，E_1，E_2——两个载波在金属中的电场；

δ_1，δ_2——两个载波电场各自的趋肤深度。

从式（2-66）可以看出，在双载波情况下，金属内部由于热损耗而产生的热量既有直流部分又有交流部分。直流部分的热量会使金属温度由初始温度上升到平衡温度；对于交流部分，会使金属的温度由初始温度上升至"平衡"温度，温度在上升过程中以及平衡后都是振荡的。在式（2-66）中，热量的频率分量有 $2\omega_1$、$2\omega_2$、$\omega_1 + \omega_2$ 和 $\omega_1 - \omega_2$。对于射频和微波，频率高达几百或几千 MHz，材料的热响应具有低通特性，如图 2-31 所示，因此高频项 $2\omega_1$、$2\omega_2$ 和 $\omega_1 + \omega_2$ 可以忽略不计。另外，在双载波频率的拍频不是很大的情况下，可以近似认为 $\delta_1 = \delta_2$，于是，式（2-66）可以近似为

$$Q \approx \frac{\mu\omega_1}{2} H_0^2 e^{-2r/\delta_1} + \frac{\mu\omega_2}{2} H_0^2 e^{-2r/\delta_2} + \mu \sqrt{\omega_1 \omega_2} H_0^2 e^{-2r/\delta_1} \cos(\omega_1 - \omega_2) t \qquad (2-67)$$

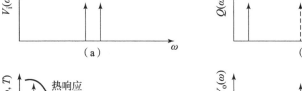

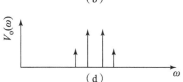

图 2-31　电热耦合过程示意

（a）双载波的频谱；（b）双载波的热损耗谱；

（c）能耦合进热响应过程的热损耗频率分量；（d）电热耦合后的频谱

虽然直接联合式（2-63）和式（2-67）进行求解比较困难，无法得到解析解，但是通过分析可以得到一些定性的结果。达到平衡后，金属的温度以频率 $\omega_1 - \omega_2$ 振荡，于是温度 T 可表示为

$$T(t) = T_0 + A \sin(\omega_1 - \omega_2) t \qquad (2-68)$$

式中，A——系数。

金属的电导率 σ 随温度的升高而降低，电导率随温度的变化可展开为多项式：

$$\sigma(T) = \sigma_0 (1 + BT + CT^2 + \cdots) \qquad (2-69)$$

式中，B，C——系数。幂次越高，系数就越小，因此在接下来的计算中只展开到 2 次方项。

在双载波情况下，随时间变化的电导率与双载波电场的乘积为

$$\sigma(T)E = \sigma_0(1 + BT + CT^2)(E\sin(\omega_1 t) + E\sin(\omega_2 t))$$

$$= \sigma_0(1 + B(T_0 + A\sin((\omega_1 - \omega_2)t)))(E\sin(\omega_1 t) + E\sin(\omega_2 t)) +$$

$$\sigma_0 C(T_0 + A\sin((\omega_1 - \omega_2)t))^2(E\sin(\omega_1 t) + E\sin(\omega_2 t))$$

$$= \sigma_0\left(1 + BT_0 + CT_0^2 + \frac{1}{2}CA^2\right)E(\sin(\omega_1 t) + \sin(\omega_2 t)) - \sigma_0 A\left(\frac{1}{2}B + \right.$$

$$CT_0)E(\cos((2\omega_1 - \omega_2)t) - \cos((2\omega_2 - \omega_1)t) + \cos(\omega_1 t) -$$

$$\cos(\omega_2 t)) - \frac{1}{4}\sigma_0 CA^2 E(\sin((2\omega_2 - \omega_1)t) + \sin((2\omega_1 - \omega_2)t)) -$$

$$\frac{1}{4}\sigma_0 CA^2 E(\sin((3\omega_1 - 2\omega_2)t) + \sin((3\omega_2 - 2\omega_1)t)) \qquad (2-70)$$

从式（2-70）中可以明显看到，时变的电导率与双载波的电场相乘后出现了新频率的电场，新出现的频率为 $2\omega_1 - \omega_2$、$2\omega_2 - \omega_1$、$3\omega_1 - 2\omega_2$ 和 $3\omega_2 - 2\omega_1$，即 3 阶和 5 阶 PIM 分量，各阶 PIM 分量的大小与温度的升高量、振幅、电导率随温度变化的展开系数大小相关。此外，还可以看到 PIM 分量的大小正比于 $\sigma_0 E$（即金属中的电流密度）。σ_0 的大小取决于材料的性质，载波的功率越大，PIM 分量（即 PIM 产物的功率）就越大，这是对同一种结构而言的。

|2.7 小结|

国际上关于微波部件金属接触结的 PIM 非线性机理主要是简单引用 MIM（Metal - Insulation - Metal）结构的隧穿电流和热发射电流特性公式，并未确立准确的物理参数。结合表面形貌和成分分析，本章确立了计算微波部件金属接触结的物理参量；基于量子隧穿、热电子发射、晶界输运、窄空隙输运等主要的载流子非线性输运过程研究，本章初步揭示了 Ag-Ag 金属接触结的主要非线性输运物理机制，确立了微凸体接触非线性电流密度方程。本章将单点结构非线性电流特性方程和微波部件接触结微凸体接触蒙特卡罗法相结合，实现了接触界面非线性面电流统计分析方法，建立了非线性面电流方程，获得了金属接触非线性的解析模型。此外，本章还对电热耦合效应进行了介绍，并分析了基于电热耦合效应的 PIM 产生机理。由于产生 PIM 的机理相当复杂，影响因素众多，因此本章仅对接触非线性以及电热耦合引起的 PIM 进行了分析。同时，为便于分析计算，因此在研究过程中也使用了一些假设条件，这些近似及

假设条件并不能完全反映微波部件中真实发生的 PIM 情况。因此，后续将对这些假设的近似条件进一步研究，以期能建立更为准确的 PIM 物理模型。

参 考 文 献

［1］ LUI P L. Passive Intermodulation Interference in Communication Systems ［J］. Electronics & Communication Engineering Journal，1990，2：109 – 118.

［2］ 张世全，傅德民，葛德彪. 无源互调干扰对通信系统抗噪性能的影响 ［J］. 电波科学学报，2002，17（2）：138 – 142.

［3］ BOYHAN J W，LENZING H F，KODURU C. Satellite Passive Intermodulation：Systems Considerations ［J］. IEEE Transactions on Aerospace and Electronic Systems，1996，32（3）：1058 – 1064.

［4］ 王海宁，梁建刚，王积勤，等. 高功率微波条件下的无源互调问题综述 ［J］. 微波学报，2005，21（增刊）：1 – 6.

［5］ 张世全，葛德彪. 通信系统无源非线性引起的互调干扰 ［J］. 陕西师范大学学报（自然科学版），2004，32（1）：58 – 62.

［6］ 刘恩科，朱秉升，罗晋生. 半导体物理学 ［M］. 北京：电子工业出版社，2011.

［7］ POPOV V. Contact Mechanics and Friction：Physical Principles and Applications ［M］. Berlin：Springer Science & Business Media，2010.

［8］ 波波夫. 接触力学与摩擦学的原理及其应用 ［M］. 北京：清华大学出版社，2011.

［9］ SLADE P G. Electrical Contacts：Principles and Applications ［M］. Abingdon：Crc Press Taylor & Francis Group，1999.

［10］ BRAUNOVIC M，KONCHITS V V，MYSHKIN N K. Electrical Contacts：Fundamentals，Applications and Technology ［M］. Boca Raton：CRC Press，2007.

［11］ 米兰科·布朗诺维克，瓦乐里 V·康奇兹，尼克莱 K·米西金，等. 电接触理论、应用与技术 ［M］. 许良军，芦娜，林雪燕，等译. 北京：机械工业出版社，2016.

［12］ 程礼椿. 电接触理论及应用 ［M］. 北京：机械工业出版社，1988.

［13］ SIMMONS J G. Generalized Formula for the Electric Tunnel Effect between Similar Electrodes Separated by a Thin Insulating Film ［J］. Journal of Applied Physics，1963，34（6）：1793 – 1803.

［14］ SIMMONS J G. Potential Barriers and Emission – limited Current Flow between Closely Spaced Parallel Metal Electrodes ［J］. Journal of Applied Physics, 1964, 35 (8): 2472 – 2481.

［15］ 周益春. 物理力学前沿（卷Ⅱ）［M］. 北京: 科学出版社, 2018.

［16］ GREENWOOD J A, WILLIAMSON J B P. Contact of Nominally Flat Surfaces ［J］. Proceedings of the Royal Society A Mathematical Physical & Engineering Sciences, 1966, 295 (1442): 300 – 319.

［17］ BRAKE M R. An Analytical Elastic – perfectly Plastic Contact Model ［J］. International Journal of Solids & Structures, 2012, 49 (22): 3129 – 3141.

［18］ JOHNSON K L. Contact Mechanics ［J］. Journal of Tribology, 1985, 108 (4): 464.

［19］ BLAU P J. Friction Science and Technology: from Concepts to Applications ［M］. Abingdon: Crc Press Taylor & Francis Group, 2009.

［20］ WHITLEY J H. Concerning Normal Force Requirements for Precious Metal Plated Connectors ［C］// Proceedings of the 20th Annual Connector and Interconnect Technology Symposium, Philadelphia, PA, 1987.

［21］ KANTNER E A, HOBGOOD L D. Hertz Stress as an Indicator of Connector Reliability ［J］. Connection Technology, 1989, 5 (3): 14 – 22.

［22］ 叶鸣. 微波部件 MIM 结构的无源互调机理研究 ［D］. 西安: 西安交通大学, 2010.

［23］ VICENTE C, HARTNAGEL H L. Passive – Intermodulation Analysis between Rough Rectangular Waveguide Flanges ［J］. IEEE Transactions on Microwave Theory and Techniques, 2005, 53 (8): 2515 – 2525.

［24］ ZHAO X, HE Y, YE M, et al. Analytic Passive Intermodulation Model for Flange Connection Based on Metallic Contact Nonlinearity Approximation ［J］. IEEE Transactions on Microwave Theory and Techniques, 2017, 65 (5): 2279 – 2287.

［25］ VICENTE C, WOLK D, HARTNAGEL H L, et al. Experimental Analysis of Passive Intermodulation at Waveguide Flange Bolted Connections ［J］. IEEE Transactions on Microwave Theory & Techniques, 2007, 55 (5): 1018 – 1028.

［26］ WU D W, XIE Y J, KUANG Y, et al. Prediction of Passive Intermodulation on Mesh Reflector Antenna Using Collaborative Simulation: Multiscale Equivalent Method and Nonlinear Model ［J］. IEEE Transactions. Antennas and Propagation, 2018, 66 (3): 1516 – 1521.

[27] YOU J W, ZHANG J F, GU W H, et. al. Numerical Analysis of Passive Inter-modulation Arisen from Nonlinear Contacts in HPMW Devices [J]. IEEE Transactions on Electromagnetic Compatibility, 2018, 60 (5): 1470 – 1480.

[28] ZHANG K, LI T J, JIANG J. Passive Intermodulation of Contact Nonlinearity on Microwave Connectors [J]. IEEE Transactions. Electromagn. Compat. , 2018, 60 (2): 513 – 519.

[29] WILKERSON, JONATHAN R, et al. Electro – Thermal Theory of Intermodula-tion Distortion in Lossy Microwave Components [J]. IEEE Transactions on Microwave Theory and Techniques, 2008, 56 (12): 2717 – 2725.

[30] 何銎, 王琪, 等. 微带线热致无源互调产物计算模型 [J]. 西安电子科技大学学报, 2017, 44 (3): 129 – 135.

[31] WILCOX J Z, MOLMUD P. Thermal Heating Contribution to Intermodulation Fields in Coaxial Waveguides [J]. IEEE Transactions on Communications, 1976, COM – 24 (2): 238 – 243.

[32] ROCAS E, COLLADO C, ORLOFF N D, et al. Passive Intermodulation Due to Self – heating in Printed Transmission Lines [J]. IEEE Transactions on Microwave Theory and Techniques, 2011, 59 (2): 311 – 322.

[33] 叶鸣, 贺永宁, 崔万照. 基于电热耦合效应的微带线无源互调机理研究 [J]. 电波科学学报, 2013, 28 (2): 1 – 5.

[34] WILKERSON J R, LAM P G, et al. Distributed Passive Intermodulation Dis-tortion on Transmission Lines [J]. IEEE Transactions on Microwave Theory and Techniques, 2011, 59 (5): 1190 – 1205.

第 3 章

微波部件无源互调分析与评价技术

|3.1 概述|

随着现代通信系统向大功率、宽带宽和高灵敏度方向发展，PIM 对系统性能的影响将越来越严重，甚至可能导致整个系统瘫痪。因此，研究微波系统中潜在的 PIM 源、预测其 PIM 产物的大小势在必行。从产生 PIM 的诸多因素出发，可以找到有效减少和控制 PIM 危害的方法和措施，为研制生产出低 PIM 的大功率微波系统提供理论和实践依据。

对于 PIM 产物的计算，一直是通信工程中的基本理论和工程问题。理论上主要根据 PIM 的产生机理来建立合理的物理模型，从数学上计算 PIM 产物的功率。最初，Sarkozy 用 n 次多项式拟合轻微非线性的方法，对 PIM 干扰进行预测。他还制成了软件包，将具有高斯谱密度的带限效应也包含在内，对通信卫星中 12 个通道的分析结果与实际测量非常符合。Chapman 等人做了较为全面的 PIM 研究，包括产生机理、解析计算和检测方法。1981 年，Eng 等人对 PIM 的阶数和类型进行了理论分析，并提出使用常用的树搜索算法来分析问题。Boyhan 则从 Sunde 基本方程出发，推导出了高阶 PIM 产物的计算公式。后来，又有大量研究者对一些特定的结构建立等效电路模型来分析其非线性效应。例如，Vicente 等人在建立等效电路模型和分析电子隧道效应的基础上，研究了波导法兰连接处的 PIM 干扰问题。Zelenchuk 等人则使用端接非线性寄生电阻的传输线模型，分析了电路板上印制微带线的 PIM 特性。

采用数值分析方法来分析 PIM 产物是相对困难的问题。传统的数值分析方法包括时域有限差分（Finite Difference Time Domain，FDTD）法、有限元法（Finite Element Method，FEM）。在 Ishibashi 等人发表的文章中，使用 FDTD 法分析了电流型非线性 PIM。其假设仿真区域的电阻率是非线性的，并在麦克斯韦方程组中引入了 3 阶非线性电阻率系数，之后用经典的 FDTD 法进行了电磁仿真，其使用开路同轴线对仿真结果进行了验证。此类传统数值仿真方法往往存在计算量大、速度慢等缺点。Bolli 和 Selleri 等人提出了使用时域物理光学（Time – Domain Physical Optic，TDPO）法来分析 PIM 产物的方案。该方法所需的变量数目很少，尤其适用于电大尺寸天线的 PIM 分析。另外，由于不考虑物体表面各点间的互耦效应，该方法还可以避免很多误差。然而该方法也存在很多不足，例如仿真激励源的电磁波波长必须远小于散射体的尺寸（曲率半径）；仿真结果仅在镜面反射路径上可靠，在其他方向上的结果不满足互易定理。

3.2　无源互调非线性分析方法

对于 PIM 产物的计算，一直是通信工程中的基本理论和工程问题。在 20 世纪三四十年代，Bennet 等人采用双傅里叶级数展开法计算分析了两个正弦信号通过半波长线性整流器的情况，并扩展到整流器的传播函数上，将导电区域用 n 阶多项式表示。之后，Feuerstein 对多载波情况也进行了类似的分析；Brockbawk 等人利用非线性函数的幂级数分析了同轴电缆电话系统中的多载波情况；Middleton 进行了非线性器件的随机噪声经典分析。这些方法对于有源互调和无源互调来说都是通用的。但鉴于 PIM 有其特殊的性质，国内外科研工作者在理论上有许多新的贡献。

国内工作者在理论上的研究主要使用的是信号分析的理论。西安电子科技大学的张世全在此方面做了大量研究。在其发表的多篇文章中，他采用傅里叶级数法推导了二载波情形 PIM 产物的一般表达式及其基本特性，并对两种类型的传递函数的 PIM 产物进行了数值计算；采用合成干扰模型假设和特征函数方法简化了 PIM 问题，对包括 PIM 干扰在内的总干扰的统计特性进行了数学分析，进而对 PIM 对通信系统的抗噪性能的影响做了数值模拟；采用幂级数法，推导了由低阶 PIM 测量值来预测高阶 PIM（特别是奇次互调）产物的幅度和功率的多项式表达式和相应的矩阵表达式，并编程实现了用 3 阶 PIM 的测量值来预测 5 阶 PIM 的功率，并与实验值进行了比较，初步证实了这种方法的正确性和有效性；他还在系统级别上，对移动通信和卫星通信进行了实例分析。王海宁等人运用 IM Microscope 来计算 PIM 产物；王聪敏等人则使用幂级数法分析了天线中铝－三氧化二铝－铝结产生的 5 阶 PIM 产物。

国外研究者近几年在理论上的研究成果较多，在数学层面和物理层面都有许多建树。

3.2.1　数学模型法

在数学层面上，先是由 Sarkozy 利用 n 次多项式来拟合轻微非线性，大大简化了理论计算。在此基础上，他制作了软件包，将具有高斯谱密度的带限效应包含在其中，后来对于通信卫星中 12 个通道的实际测量与其分析结果非常符合。1981 年，Eng 等人对 PIM 的阶数和类型进行了理论分析，他们使用了常用的树搜索算法来分析问题（图 3 - 1），并发现反向树搜索算法的效率很高。之后，他又研究了高阶 PIM 产物，发现在数字信道低误码率设计等方面，高阶 PIM 产物表现出了与高斯噪声完全不同的性质。Boyhan 则从 Sunde 基本方程出发，推导出了高阶 PIM 产物的计算公式，其计算结果和测量结果能比较好地对应上。Abuelma'Atti 对腐蚀界面处产生的 PIM 进行了大信号分析。其研究结果显示，当满足一定条件时，即使输入信号很大，偶次谐波和偶次 PIM 产物在理论上也能完全消除，而奇次 PIM 产物会因此加倍。作为实例，他分析了定向耦合器在大信号下的性能。

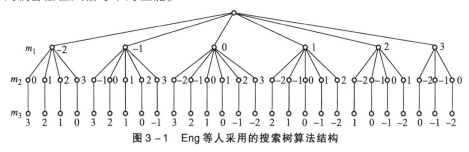

图 3 - 1　Eng 等人采用的搜索树算法结构

在物理层面上，国外研究者也进行了很多新的探索，其研究主要沿着等效电路法、场分析法两个思路进行。

3.2.2　等效电路法

等效电路法是指对一些特定的结构建立等效电路模型，以分析其非线性效应。例如，Vicente 等人在建立等效电路模型和分析电子隧道效应的基础上，研究了波导连接处的 PIM 干扰问题（图 3 - 2），其结果显示，法兰表面清洁程度和力学性质对 PIM 的影响要远高于法兰表面粗糙度。Russer 等人也做了类似的研究，但他们还考虑了趋肤效应对结果的影响。Zelenchuk 等人使用端接非线性寄生电阻的传输线模型，分析了 PCB 上印制微带线的 PIM 特性。其分析结果显示，微带线 PIM 的产生主要与线上的非线性散射、衰减和终端失配有关。当无损耗传输线端接匹配负载时，非线性散射是 PIM 的产生根源。此时，可通过选择合适的传输线长度来减小 3 阶 PIM 产物。Henrie 等人对各种常用同轴接头进行了 PIM 分析预测，并通过实验进行了验证，如图 3 - 3 所示。

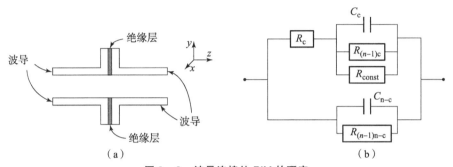

图 3 - 2　波导连接处 PIM 的研究

（a）波导接口；（b）等效电路

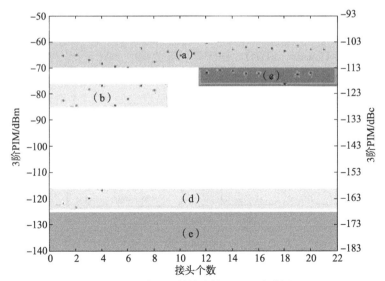

图 3 - 3　常用同轴接头的 PIM 研究成果

（a）SMA 接头；（b）标准 N 接头；（c）BNC 接头；（d）镀银 N 接头；

（e）DIN 7 ~ 16 接头（≤ - 125 dBm 的系统剩余互调底噪）

3.2.3 场分析法

场分析法是指利用场的观点，对 PIM 电磁散射进行研究。例如，从 1999 年开始，Bolli 和 Selleri 等人发表了多篇关于时域物理光学（Time - Domain Physical Optic，TDPO）法的文章。该方法可用于分析接口处的 PIM 产物电磁散射问题。由于其所提模型（图 3 - 4）中所需的变量数目很少，因此该方法很适合嵌入现有的电磁场 CAD 软件。后来，他们还引进了基因算法来优化参数。

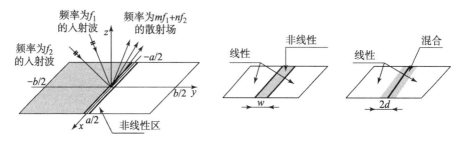

图 3 - 4   TDPO 法中所用到的各种散射模型

随着计算机技术的不断进步，越来越多的人采用计算机仿真的方法来研究问题。Lojacono 等人使用时间 - 频率表示（Time - Frequency Representations）法仿真了多信道传输系统中的 3 阶 PIM 产物。在仿真结果的基础上，他们还给出了一定的设计指导建议。Ishibashi 等人使用非线性的时域有限差分（Finite - Difference Time - Domain，FDTD）法仿真了电流型的 PIM 干扰。在其发表的文章中，假设电阻率是非线性的，并在麦克斯韦方程组中引入了 3 阶电阻率系数，之后用经典的 FDTD 算法进行了电磁仿真，流程示意如图 3 - 5 所示。最后，他们采用开路同轴线对该方法进行验证，所计算得到的 PIM 结果如图 3 - 6 所示。

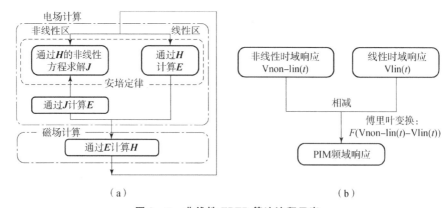

（a）   （b）

图 3 - 5   非线性 FDTD 算法流程示意

（a）电磁场推进流程；（b）信号对消流程

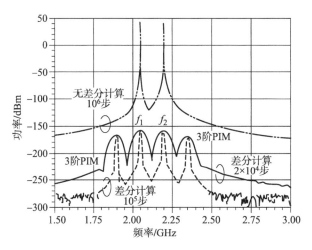

图 3-6　同轴线 PIM 计算结果

|3.3　微波部件无源互调多物理场耦合分析|

3.3.1　微波部件的电–热–力分析

接触引起的金属接触 $J-V$ 非线性产生的微波部件的 PIM 与微波部件的外界环境温度、接触处的初始压力、接触处受到的温度和压力分布的动态变化有重要联系。因此，耦合分析微波部件的电磁、温度、应力分布，建立电–热–应力耦合分析模型是实现微波部件 PIM 分析评价的基础。

电磁场与热场之间存在着耦合作用，由于电磁损耗，微波部件中大功率微波的传播会在微波部件内部产生热效应 Q，其包括电阻性损耗 Q_{rh} 与磁性损耗 Q_{ml}，即

$$Q_{rh} = \frac{1}{2}\mathrm{Re}(\boldsymbol{J} \cdot \boldsymbol{E}^*) \tag{3-1}$$

$$Q_{ml} = \frac{1}{2}\mathrm{Re}(\mathrm{j}\omega\boldsymbol{B} \cdot \boldsymbol{H}^*) \tag{3-2}$$

电阻性损耗 Q_{rh} 可用介质的损耗角正切 $\tan\delta$ 或介电常数的虚部 ε'' 来表示，与材料的电阻率有关，电阻率越大，阻性损耗越小。磁性损耗 Q_{ml} 主要存在于磁性材料中，与复磁导率的虚部 μ'' 成正比。

电磁损耗热效应产生的热是温度场的场源之一，除此之外，外界环境引起的温差变化也是温度场的一大场源。求解热传递方程可确定温度场的分布。然而，温度场对结构的作用表现为温度差导致物体的膨胀或缩小，从而产生热应变，其关系为

$$\varepsilon_{\text{inel}} = \alpha(T - T_{\text{ref}}) \tag{3-3}$$

式中，$\varepsilon_{\text{inel}}$——温度变化产生的应变量；

  α——热膨胀系数；

  T——部件上的温度；

  T_{ref}——应变参考温度。

热应变作为力场的场源。通过求解线弹性力学方程组可得到应变 ε、位移 u 与应力 s 的分布。这 3 个物理场通过彼此提供物理场场源的方式来实现耦合。

值得一提的是，热应力的产生与温度变化和约束有关。在温度变化下，结构发生自由变形时，并不产生热应力；当自由变形受到约束时，热应力就会产生。此外，同一物体内部若温度分布不均匀，那么即使物体不受外界约束，但由于各处温度不同，每部分受到不同温度相邻部分的约束不能自由伸缩，也会产生热应力。因此，这 3 个物理场的微分方程（麦克斯韦方程组或波动方程、热传递方程、线弹性力学方程）可通过特定的物理量与关系式耦合在一起。

图 3-7 展示了电-热-应力多物理场的耦合关系，圆圈内部表明是一个物理场，括号内部列出了该场的基本场变量。有向线段表明物理场之间的单向作用，线段旁边的文字表明作用的物理量，如热应力表明热场是通过热应力对力场发生作用的。

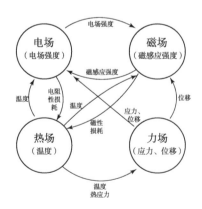

图 3-7　电-热-应力多物理场耦合关系示意

（1）求解电场形式的波动方程（附加边界条件）可获得微波部件内的电场分布，进而可利用麦克斯韦方程组、本构关系推导出位移、磁感应强度、磁

场强度、自由电流密度等物理量。

（2）通过式（3-1）、式（3-2）可求得电阻性损耗及磁性损耗，结合外界环境引起的温差变化，即可确定热场场源，从而通过求解热传导方程来确定温度场分布。

（3）温度的变化引起热应变，由式（3-3）可得到力场的热应力场源，再通过求解线弹性力学方程可得到位移、应变和应力等物理量的分布。

此外，温度场还会影响模型的材料参数。有些材料参数（如材料密度、热容、泊松比等）对温度不敏感，在温度变化时可将它们看成常数，通常取它们在室温时的值；其他物理参数（包括电导率、热导率、杨氏模量、热膨胀系数）都是温度的函数。将电磁场、热场、力场的方程组耦合到一起，可得到耦合分析模型，公式如下。

（1）电磁分布：

$$\begin{cases} \nabla \cdot \boldsymbol{J} + \dfrac{\partial \rho_{\mathrm{v}}}{\partial t} = 0 \\[2mm] \nabla \cdot \boldsymbol{B} = 0 \\[2mm] \nabla \cdot \boldsymbol{D} = \rho_{\mathrm{v}} \\[2mm] \nabla \times \boldsymbol{E} + \dfrac{\partial \boldsymbol{B}}{\partial t} = 0 \\[2mm] \nabla \times \boldsymbol{H} = \boldsymbol{J} + \dfrac{\partial \boldsymbol{D}}{\partial t} \\[2mm] \nabla \times \mu_{\mathrm{r}}^{-1}(\nabla \times \boldsymbol{E}) - k_0^2\left(\varepsilon_{\mathrm{r}} - \dfrac{\mathrm{j}\sigma}{\omega \varepsilon_0}\right)\boldsymbol{E} = 0 \end{cases} \tag{3-4}$$

（2）温度分布：

$$\rho C_{\mathrm{p}} \frac{\partial T}{\partial t} + \rho C_{\mathrm{p}} \boldsymbol{u} \cdot \nabla T = \nabla \cdot (k\nabla T) + Q \tag{3-5}$$

（3）弹性材料力学：

$$\begin{cases} \boldsymbol{s} - \boldsymbol{s}_0 = \boldsymbol{C} : (\varepsilon - \varepsilon_0 - \varepsilon_{\mathrm{inel}}) \\[2mm] \varepsilon = \dfrac{1}{2}((\nabla \boldsymbol{u})^{\mathrm{T}} + \nabla \boldsymbol{u}) \end{cases} \tag{3-6}$$

（4）电磁-热耦合关系：

$$\begin{cases} Q = Q_{\mathrm{rh}} + Q_{\mathrm{ml}} \\[2mm] Q_{\mathrm{rh}} = \dfrac{1}{2}\mathrm{Re}(\boldsymbol{J} \cdot \boldsymbol{E}^*) \\[2mm] Q_{\mathrm{ml}} = \dfrac{1}{2}\mathrm{Re}(\mathrm{j}\omega \boldsymbol{B} \cdot \boldsymbol{H}^*) \end{cases} \tag{3-7}$$

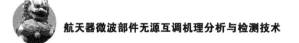

（5）热－力耦合关系：

$$\varepsilon_{\text{inel}} = \alpha(T - T_{\text{ref}})$$

3.3.2　电磁－热耦合分析

微波热模式将电磁波模式与传热模式结合在一起。由于微波能量会被介质材料吸收而转化为热能，因此基于电磁周期远比热学时间尺度短的假设，可将电磁波的电磁损耗作为热源。

使用频域－稳态求解模式进行稳态仿真；使用频域－瞬态求解模式进行瞬态仿真。其中，频域－稳态求解模式是在频域内求解麦克斯韦方程组，并假设所有热学相关的初始瞬态变量都已经消失，求解的是稳态的传热方程。由于没有瞬态信息，因此其计算比频域－瞬态求解模式的分析要快得多，结果给出的也是稳态的温度场分布。而频域－瞬态求解模式也是在频域内求解麦克斯韦方程组，并且它假设在单个电磁波振荡周期内用于求解麦克斯韦方程组的材料属性保持不变；而传热过程是以瞬态求解的。当材料的属性发生显著变化时，电磁场会进行重新计算，这个过程由时变求解器的相对容限标准来决定。

电磁波在微波部件的介质上传播，可在电场形式的波动方程中进行设置，引入波动方程。由于存在电磁损耗，微波部件中大功率微波的传播会在微波部件内部产生热效应，包括电损耗与磁损耗。电损耗可根据复介电常数计算，有限电导率引入复介电常数，为

$$\varepsilon_{\text{c}} = \varepsilon - j\frac{\sigma}{\omega} \tag{3-8}$$

或

$$\varepsilon_{\text{c}} = \varepsilon_0(\varepsilon' - j\varepsilon'') \tag{3-9}$$

式中，ε——介质的介电常数；

ε_0——真空介电常数；

ε'，ε''——有效介电常数 ε_{r} 的实部、虚部。电损耗由虚部 ε'' 决定。

复介电常数也可由损耗正切给出，为

$$\varepsilon_{\text{c}} = \varepsilon_0\varepsilon'(1 - j\tan\delta) \tag{3-10}$$

磁损耗可根据复磁导率来衡量，为

$$\mu_{\text{c}} = \mu' - j\mu'' \tag{3-11}$$

式中，μ'，μ''——磁导率的实部、虚部。

在波导法兰连接结、TNC 同轴连接器、同轴滤波器等器件中，磁损耗基本可以为零。微波部件的金属部分电导率很大，$\sigma/(\omega\varepsilon) \gg 1$，电磁场主要集中

在表面趋肤深度厚度的薄层内，故微波部件的电损耗可通过设置阻抗边界条件来引入。

对器件设置微波热模型，将电磁损耗 Q 作为热场的热源，从而可将电磁场与热场耦合。在星载环境中，微波部件的外界环境是真空的，表面和环境之间不存在热对流与热传导，表面与环境之间的热交换以辐射热的方式进行。以波导法兰连接结为例进行电热耦合仿真，传输的电磁波频率为 0.8 GHz，功率为 500 W。图 3 - 8 所示为几何结构和网格剖分。图 3 - 9 所示为波导法兰连接结的电场分布与温度分布的计算结果。

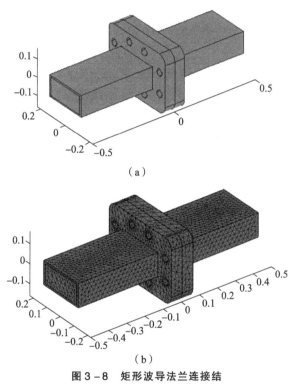

（a）

（b）

图 3 - 8　矩形波导法兰连接结

（a）几何结构；（b）网格剖分

3.3.3　热 - 力耦合分析

使用固体力学应用模式进行热场与力场耦合的分析，该应用模式包含应力分析与通用线性、非线性固体力学的数学模型与特征。线弹性材料模型是该应用模式默认设置的模型，也正是本项目进行多物理场耦合分析时需要用到的数学模型，故调用该固体力学应用模式来加入力场。

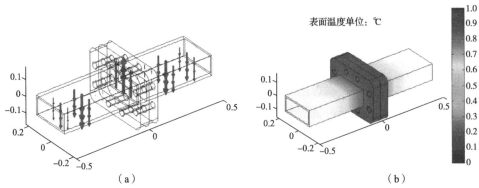

图 3 - 9   波导法兰连接结的电场分布和温度分布（书后附彩插）

（a）电场分布；（b）温度分布

固体力学应用模式以位移场作为因变量，在进行热 – 力耦合分析时，将微波部件看成线弹性材料，设置为各向异性，关键的参数为杨氏模量和泊松比。在线弹性材料的子节点中，设置热膨胀来定义由温度变化引起的内部热应变，应变参考温度与环境温度应一致。

根据微波部件的实际情况，设置固定面，这些面在所有方向上的位移均为零。其他边界若在任意方向上没有约束（或载荷），则可设置为自由边界（默认的力场边界条件）。在需要的情况下，在微波部件上加边界负载。

通过使用统一的电磁场、温度场、力场物理量，把电磁场与热场耦合在一起，定义由温度变化引起的内部热应变，把热场与力场耦合在一起。根据微波部件的实际情况来设置固定面、边界负载等力学边界条件，计算得到波导法兰连接结的应力应变分布，如图 3 – 10 所示。

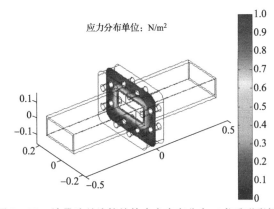

图 3 - 10   波导法兰连接结的应力应变分布（书后附彩插）

3.3.4　微波部件多物理场耦合实验与分析

为了提高微波部件多物理场分析的精度，还需要根据部件上校准点的温度和应力实验实测值来对多物理场耦合分析进行修正，流程如图 3 – 11 所示。首先对微波部件几何结构进行数值建模，并赋予材料参数，建立边界条件，开展多物理场耦合分析，获得微波部件上温度和应力的分布。在微波部件上选取恰当的点来作为校准点，通过多物理场参量测量来实验测量该校准点的温度和应力分布，构建误差校准函数，修正分析算法，再次进行多物理场分析，得到精度更高的多物理场分析结果。

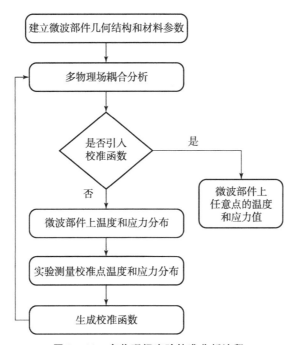

图 3 – 11　多物理场实验校准分析流程

基于 PIM 测试系统，引入多物理参量测量模块，开展微波部件的多物理参量检测。本实验所采用的温箱温度循环范围为 – 40 ~ 80 ℃，最快升温速度为每分钟 1.5 ℃左右，最快降温速度为每分钟 2 ℃左右，稳定温度精度为 0.1 ℃。温度传感器采用热电偶，应力传感器采用应力应变片，通过数据采集设备进行数据采集和处理。

由于多物理场耦合效应作用区域不同，因此微波部件表面大部分区域的物理响应很小。而传感器的精度和线性范围是固定的，如果传感器（特别是应变片）工作在形变比较小的位置，那么将直接导致测量结果的精度变差。因此，各部件表面标定点的选择需参考电－热－应力约束条件下 PIM 分析评价平台的仿真结果，并考虑以下因素：标定点位于部件表面，便于固定传感器，且不会影响部件的 PIM 特性；标定点所处区域具有明显的形变，能够使传感器工作在最佳动态范围之内；通过仿真分析得出标定点的应变趋势，确定应变片的传感方向。

针对特定的微波部件，通过拟合该部件在各个温度采样点的多物理场响应误差，实现电－热－应力约束条件下 PIM 和多物理场响应的可靠仿真分析。针对波导法兰连接结的实验验证，利用以上的校准流程，本实验得出了在多物理场耦合约束下的物理响应和 PIM 情况，并拟合出了部件温度和应力的误差校准曲线，如图 3 – 12 所示。图 3 – 12（a）所示的曲线为波导法兰连接结在230～353 K 之间通过实验测量标定点获取的仿真误差校准拟合曲线。在得到误差校准曲线之后，便可对仿真结果进行误差校准，得到经过实验验证校准的分析结果。经过这样的校准后，便可实现部件表面任意点、任意环境温度下的多物理场响应分析。

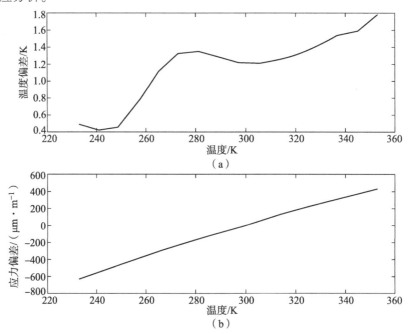

图 3 – 12　波导法兰连接结温度和应力的误差校准函数

（a）温度误差校准函数；（b）应力误差校准函数

这里以波导法兰连接结为例，端口输入功率为 25 W，频率为 2.4 GHz，传播模式为 TE_{10} 模，时间为 $0 \sim 5 \times 10^5$ s，时间步长为 1 000 s，仿真得到的法兰盘交界接触面上波导壁内侧温度最高点的温度变化情况如图 3 – 13 所示。可以看到，在前 1.5×10^5 s 波导法兰连接结的温升速率最快，其后速率逐渐减小。由于热传导缓慢，因此需要一定时间才能达到温度平衡。

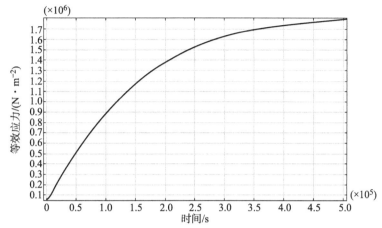

图 3 – 13　波导法兰连接结法兰盘交界接触面上波导壁内侧温度最高点的温度变化

法兰盘交界接触面上波导壁内侧应力最大处的应力随时间的变化情况如图 3 – 14 所示。

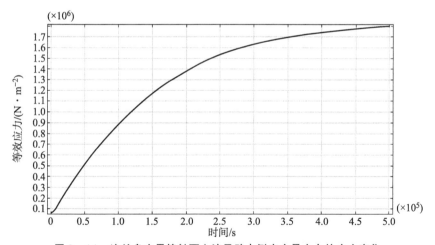

图 3 – 14　法兰盘交界接触面上波导壁内侧应力最大点的应力变化

仿真结果表明，温度场和应力场都在一定时间后均呈现稳态平衡。

|3.4 微波部件的无源互调评价|

3.4.1 微波部件多尺度电磁计算

由于 PIM 发生在微波部件的微小接触处,在进行 PIM 的数值分析时,需要采用非均匀网格剖分。非均匀网格的 FDTD 算法是在传统的 FDTD 算法上进行改进,将网格进行不同规则的划分,使整个计算区域的网格尺寸不同。网格尺寸划分方法的种类也非常多,其中广泛应用的有细化网格技术和变网格步长方法。细化网格技术是指将计算精度较高的区域划分为细网格,而将其他计算区域划分为粗网格。目前,人们已提出多种粗细网格之间信息交换的方法。Kunz 等人提出了运行两次亚网格技术,其过程是:首先,在整个计算区域划分粗网格进行计算;然后,计算细网格区域,在粗细网格的截断边界处的场通过粗网格进行插值得到。变网格步长方法是指:在空间上,采取渐变步长,结合被模拟对象材料结构的空间变化来调整空间步长;在时间上,采取相同的时间步长。从网格划分的特性来看,可分为突变网格和渐变网格。突变网格是指网格划分没有规则,是根据目标结构的需要进行划分;渐变网格是指网格划分有一定规律,增加一个展开因子,网格数量随着展开因子的幂增加,相邻网格的比例相同。显然,非均匀网格的 FDTD 算法是模拟 PIM 效应的必然选择,它计算精度高、节省计算内存,且计算效率远高于传统的均匀 FDTD 算法。根据各种非均匀算法的精确性,本节选择渐变非均匀网格作为 PIM 效应数值模拟的核心算法。根据粗细网格交界处场值的不同,渐变非均匀网格的计算方法分为虚拟磁场法、积分法。

采用非均匀网格的 FDTD 算法分析电磁问题时,网格尺寸的划分尤为关键。其划分原则是:在目标结构较为复杂、电磁分布变化较大的计算区域,采用网格细划分;在目标结构较为简单、电磁分布变化不大的计算区域,采用网格粗划分。将整个计算区域划分为粗网格和细网格区域后,再利用 FDTD 算法对所关心的目标进行仿真计算。在各自的计算区域,可以采用传统方法的差分格式进行计算;在涉及粗细网格的边界,电场的切向分量可以通过时间和空间的插值求得;边界上的各磁场值可以通过每个时间步长的增加由相邻的时间和空间平均值求解。但是,在粗细网格边界处,由于不断迭代和持续更新相邻网格节点而产生一阶误差。这是因为,传统方法的递推式依据的是中心差分近似求解，在非均匀网格上时，电场会偏移磁场的两个中心位置，即在这些节点处会因为电场分量的偏移而产生计算误差。在整个计算区域内，会因为误差的存在而使得其在下一个时间步长磁场值的节点位置发生偏离。电场分量是由其周围 4 个磁场分量迭代产生的，这会导致电场分量的节点发生偏移，从而随着时间的增加使计算误差增大。为了减少计算误差、提高计算的精确性，可以在粗细网格的边界处假设磁场分量。在粗细网格的边界处插入一个假设的磁场分量 $H'_y(i,j,k)$，该磁场分量的节点位于距离粗细网格边界的半个网格节点处，如图 3 – 15 所示。

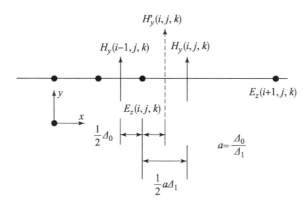

图 3 – 15　虚拟磁场法

对于假设的磁场分量 $H'_y(i,j,k)$，可由相邻粗细网格边界处的粗网格磁场分量和细网格磁场分量求取，即 $H_y(i-1,j,k)$ 和 $H_y(i,j,k)$。

在粗细网格边界的右侧假设的磁场分量 $H'_y(i,j,k)$ 为

$$H'_y(i,j,k) = \frac{a-1}{a+1}H_y(i-1,j,k) + \frac{2}{a+1}H_y(i,j,k) \qquad (3-12)$$

在粗细网格边界的左侧假设的磁场分量 $H'_y(i,j,k)$ 为

$$H'_y(i,j,k) = -\frac{a-1}{2a}H_y(i-2,j,k) + \frac{3}{2}H_y(i-1,j,k) \qquad (3-13)$$

式中，a——粗细网格之比，即网格比率。

随着时间的增加，电场分量在粗细网格边界处的场值可以通过与其相邻的磁场分量得到；对于不在粗细网格边界上的电场和磁场分量，可以通过均匀网格的 FDTD 算法求取各自计算区域内的电场和磁场分量。总之，传统非均匀 FDTD 算法中电磁场迭代计算的步骤如下：

第 1 步，当时间步长为 $t = n + 1/2$ 时，使用均匀网格的 FDTD 差分格式来迭代磁场分量，对于粗细网格边界处的假设磁场分量 $H'_y(i,j,k)$ 则可以利用插值方法来求取。

第 2 步，当时间步长为 $t = n$ 时，使用均匀网格的 FDTD 差分格式来迭代电场，而粗细网格边界处的电场分量 $E_z(i,j,k)$ 可以通过磁场分量 $H'_y(i,j,k)$ 和 $H_y(i-1,j,k)$ 来求取。

第 3 步，返回第 1 步，进行磁场迭代计算。

对整个计算区域进行粗细网格的划分时，在粗细网格边界处引入了假设磁场，这虽然减少了粗细网格边界处由于网格突变造成的反射误差，但仍然存在计算不精确。在不同计算模型中，粗细网格尺寸的比率有所不同，这就导致不能确定一个最合适的比率。将计算区域的网格按照一定的规律划分，即在计算区域内空间步长随着所模拟的目标逐渐变化，时间步长一致，此时仅存在一个渐变因子，这样划分出的网格可以满足稳定性要求，进而能避免在粗细网格不连续处引入虚拟磁场进行辅助计算。在利用渐变网格划分的情况下，电磁场在不连续网格的更新可通过积分方程来确定。在直角坐标系下，设主网格线上为电场 $\boldsymbol{E}$，主网格中各网格点坐标分别为

$$\{x_i; i = 1,2,\cdots,N_x\}, \{y_j; j = 1,2,\cdots,N_y\}, \{z_k; k = 1,2,\cdots,N_z\}$$

$$(3-14)$$

网格点之间的边长为

$$\begin{cases} \Delta x_i = x_{i+1} - x_i; & i = 1,2,\cdots,N_x - 1 \\ \Delta y_j = y_{j+1} - y_j; & j = 1,2,\cdots,N_y - 1 \\ \Delta z_k = z_{k+1} - z_k; & k = 1,2,\cdots,N_z - 1 \end{cases} \qquad (3-15)$$

各网格的中心坐标为

$$x_{i+\frac{1}{2}} = x_i + \frac{\Delta x_i}{2}, \ y_{j+\frac{1}{2}} = y_j + \frac{\Delta y_j}{2}, \ z_{k+\frac{1}{2}} = x_k + \frac{\Delta z_k}{2} \qquad (3-16)$$

辅助网格中各网格点之间的边长为

$$\begin{cases} h_i^x = \dfrac{\Delta x_i + \Delta x_{i-1}}{2}; & i = 2,3,\cdots,N_x \\ h_j^y = \dfrac{\Delta y_j + \Delta y_{j-1}}{2}; & j = 2,3,\cdots,N_y \\ h_k^z = \dfrac{\Delta z_k + \Delta z_{k-1}}{2}; & k = 2,3,\cdots,N_z \end{cases} \qquad (3-17)$$

电场和磁场各分量表示为

$$E_x^n\left(i + \frac{1}{2},j,k\right) = E_x(x_{i+\frac{1}{2}},y_j,z_k,n\Delta t) \qquad (3-18)$$

$$H_x^{n+\frac{1}{2}}\left(i,j + \frac{1}{2},k + \frac{1}{2}\right) = H_x\left(x_i,y_{j+\frac{1}{2}},z_{k+\frac{1}{2}},\left(n + \frac{1}{2}\right)\Delta t\right) \qquad (3-19)$$

渐变非均匀网格的 FDTD 差分格式由麦克斯韦方程的积分形式导出：

$$\oint_{L} \boldsymbol{E} \cdot \mathrm{d}\boldsymbol{l} = -\frac{\partial}{\partial t}\iint_{S}\boldsymbol{B} \cdot \mathrm{d}\boldsymbol{s} - \iint_{S}\boldsymbol{M} \cdot \mathrm{d}\boldsymbol{s} \tag{3-20}$$

$$\oint_{L} \boldsymbol{H} \cdot \mathrm{d}\boldsymbol{l} = \iint_{S}\boldsymbol{J}^{s} \cdot \mathrm{d}\boldsymbol{s} + \iint_{S}\sigma\boldsymbol{E} \cdot \mathrm{d}\boldsymbol{s} + \frac{\partial}{\partial t}\iint_{S}\boldsymbol{D} \cdot \mathrm{d}\boldsymbol{s} \tag{3-21}$$

如果所求解问题中的金属区域占比不大或求解问题规模适中,那么传统的处理方法就可以胜任;反之,传统处理方法的计算效率存在较大的提升空间。在 PIM 效应仿真分析时,为了准确模拟接触面的几何特征和电磁特征,接触面处的网格尺寸必须远小于 $\lambda/10$ (λ 为波长);同时,为避免网格尺寸变化太快而导致数值不稳定,必须采用满足一定规则的渐变网格进行剖分,最终的网格数目将巨大,且有可能带来数值不稳定问题。因此,PIM 效应的仿真效率很难满足实际工程要求。

据此,本章提出了一种自适应迭代策略,即利用金属占比大小来决定具体迭代方法。该策略在保证算法传统优点的同时,使时域有限差分算法的计算效率得以显著提高,还能减小后续非线性方程迭代求解的算法设计难度。在传统时域有限差分算法中,电磁场的迭代公式如下:

$$\left.\widehat{e}_{d}\right|_{i,j,k}^{t+\Delta t} = \mathrm{CAP}\cdot\left.\widehat{e}_{d}\right|_{i,j,k}^{t} + \mathrm{CAN}\left(\left.\overline{\widehat{h}}_{d_{\mathrm{prior}}}\right|_{\langle i,j,k\rangle_{d_{\mathrm{next}}+1}}^{t+\Delta t/2} - \left.\overline{\widehat{h}}_{d_{\mathrm{next}}}\right|_{\langle i,j,k\rangle_{d_{\mathrm{prior}}+1}}^{t+\Delta t/2}\right)$$

$$\tag{3-22}$$

$$\left.\widehat{h}_{d}\right|_{i,j,k}^{t+\Delta t/2} = \mathrm{CBP}\cdot\left.\widehat{h}_{d}\right|_{i,j,k}^{t-\Delta t/2} + \mathrm{CBN}\left(\left.\overline{\widehat{e}}_{d_{\mathrm{next}}}\right|_{\langle i,j,k\rangle_{d_{\mathrm{prior}}+1}}^{t} - \left.\overline{\widehat{e}}_{d_{\mathrm{prior}}}\right|_{\langle i,j,k\rangle_{d_{\mathrm{next}}+1}}^{t}\right)$$

$$\tag{3-23}$$

式中,

$$\mathrm{CAP} = \left(\frac{\overline{\varepsilon}}{\Delta t} - \frac{\overline{\sigma}}{2}\right)\Big/\left(\frac{\overline{\varepsilon}}{\Delta t} + \frac{\overline{\sigma}}{2}\right) \tag{3-24}$$

$$\mathrm{CAN} = \left(\frac{l_{k}}{\widetilde{s}_{k}}\right)\Big/\left(\frac{\overline{\varepsilon}}{\Delta t} + \frac{\overline{\sigma}}{2}\right) \tag{3-25}$$

$$\mathrm{CBP} = \left(\frac{\overline{\mu}}{\Delta t} - \frac{\overline{\kappa}}{2}\right)\Big/\left(\frac{\overline{\mu}}{\Delta t} + \frac{\overline{\kappa}}{2}\right) \tag{3-26}$$

$$\mathrm{CBN} = \left(\frac{\widetilde{l}_{k}}{s_{k}}\right)\Big/\left(\frac{\overline{\mu}}{\Delta t} + \frac{\overline{\kappa}}{2}\right) \tag{3-27}$$

在式(3-23)~式(3-28)中, $\overline{\varepsilon}$ 为介电常数; $\overline{\sigma}$ 为电导率; Δt 为时间步长; l_{k} 为标识点 k 的网络长度; s_{k} 为标识点 k 的面积; $\overline{\mu}$ 为磁导率; $\overline{\kappa}$ 为磁场损耗。下标 $d(d=x,y,z)$ 表示某一坐标变量,而 d_{prior} 和 d_{next} 分别表示前一空间变量和后一空间变量,且满足右手循环法则($x\to y\to z\to x$)。例如,当 $d=x$

时，则 $d_{\mathrm{prior}} = z$ 且 $d_{\mathrm{next}} = y$。同时，

$$\overline{\widehat{h}_z}\,\bigg|_{\langle i,j,k\rangle_y+1}^{t+\Delta t/2} = \widehat{h}_z\,\bigg|_{i,j+1,k}^{t+\Delta t/2} - \widehat{h}_z\,\bigg|_{i,j,k}^{t+\Delta t/2} \qquad (3-28)$$

$$\overline{\widehat{e}_y}\,\bigg|_{\langle i,j,k\rangle_z+1}^{t} = \widehat{e}_y\,\bigg|_{i,j,k+1}^{t} - \widehat{e}_y\,\bigg|_{i,j,k}^{t} \qquad (3-29)$$

对于图 3-16 所示的波导结构，波导壁在传统的时域有限差分算法中采用金属网格填充，网格参数分别为 CAP = 1、CAN = 0、CBP = 1、CBN = 0，并与普通网格一样参与计算。此时，式（3-28）和式（3-29）可简化为

$$\widehat{h}_d\,\bigg|_{i,j,k}^{t+\Delta t/2} = \widehat{h}_d\,\bigg|_{i,j,k}^{t-\Delta t/2} \qquad (3-30)$$

$$\widehat{e}_d\,\bigg|_{i,j,k}^{t+\Delta t} = \widehat{e}_d\,\bigg|_{i,j,k}^{t} \qquad (3-31)$$

在传统时域有限差分算法中，这些网格处的初始场值等于零。随着迭代的进行，这些网格处的场值通过式（3-30）和式（3-31）进行更新。可以发现，虽然这些网格上的场值不是通过置零来实现物理上的零场，而是通过计算得到的场值，但这些网格上的场值在任意时刻都等于零。更为关键的是，由图 3-16 可知，波导外部区域虽然为空气，但由于波导壁以及波导端口吸收边界的存在，场被限定在波导内部，因此外部的场值也为零，数值结果也验证了这一点。因此，在分析如图 3-16 所示的波导结构时，波导壁及波导的外部空间都可以从计算空间中去除。

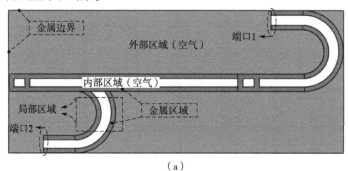

（a）

（b）   （c）

图 3-16　PIM 分析中的波导结构

（a）波导结构的电磁建模；（b）波导结构的几何示意；（c）波导结构的电磁场分布

（1）网格识别。

如图 3 - 17 所示，根据网格中的材质分布，在 PIM 效应仿真分析中，可将网格划分为四种不同的类型：金属全填充区域；外部空气全填充区域；内部空气全填充区域；部分填充区域。

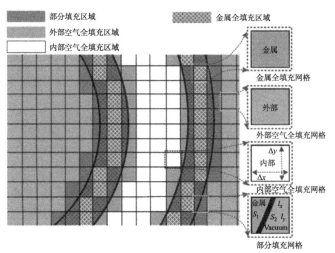

图 3 - 17　四类网格类型（书后附彩插）

针对不同的网格类型，结合本课题组研发的自主非均匀网格剖分算法，由于部分填充网格的相对边长值小于 1，因此完全填充和部分填充网格可以通过该网格属性进行区分。同时，根据网格填充的材质可以区分理想电导体全填充和空气完全填充网格（内部或外部）。但是，对于空气完全填充网格，由于内部网格和外部网格的所有网格属性都是相同的，因此两者的区分必须采用新的方法。

（2）等效电磁建模。

根据之前的分析可知，由于外部区域的场无须计算，因此本项目可将波导的外部区域替换为理想导电体。如图 3 - 18 所示，此时外部网格的材质属性将由原来的完全空气填充变为完全金属填充，此时可通过判断网格材质属性来区分外部网格和内部完全填充空气的网格，且替换操作不会影响计算结果。

最后，将所有金属填充的网格去除后，最终的网格将仅包含内部空气全填充网格和部分填充网格。部分填充网格采用的是共形剖分技术。不同于传统的阶梯近似技术，采用共形剖分技术后，波导内壁形状在去除完全金属填充网格的情况下仍能准确描述，从而能确保后续电磁仿真的准确性。

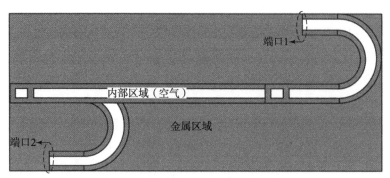

图 3 – 18 波导问题等效电磁建模示意

3.4.2 场路结合无源互调分析

PIM 的非线性 J – V 关系可以看作非线性电阻。根据时域有限差分算法的原理可知，时域有限差分算法是对电磁场的仿真（即采用场的理论），而集总元件的概念来源于电路，因此为了将关联路概念的集总元件耦合到关联场概念的时域有限差分算法中，本章采用了 Yee 网格中集总元件建模方法，如图 3 – 19 所示。

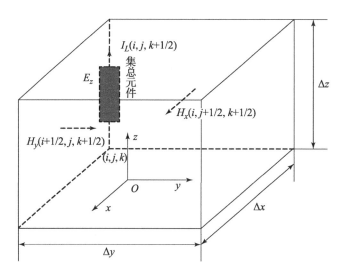

图 3 – 19 Yee 网格中集总元件建模方法

假设微波部件中的电磁波传播方向为 z 向，Yee 网格沿 y 方向部分空间位于微波部件金属壁内部，其余部分位于部件腔体内部。为分析因非理想金属接触而导致的 PIM 效应，在此引入等效电路（即将图 3 – 19 中 Yee 网格棱边上的集总元件替换为等效电路），利用非线性电阻来模拟接触位置因电子隧穿引起的非线性电磁效应。分析可知，该电磁建模方法能够反映接触位置的电磁特性。为确保后续仿真算法的有效性，首先研究了典型非线性元件——二极管的电磁建模方法，然后在确保非线性时域有限差分算法能够准确仿真该非线性元件的基础上，通过引入第 2 章的结果（非线性 $J-V$ 关系），进一步研究一般集总网络的非线性时域有限差分算法的电磁建模和仿真求解算法，最终通过多种途径验证了算法的有效性。

理论上，将非线性集总元件引入时域有限差分算法，能够对空间复杂大功率微波部件的 PIM 效应进行整体的全波仿真。然而，在实际问题中，由于 PIM 产物的电平往往低于线性产物几十甚至上百 dB，因此其 3 阶 PIM 电平往往与背景噪声相近，更高阶的 PIM 分量的电平值更低。然而，作为数值算法的时域有限差分算法不可避免地存在数值误差，所以若不对非线性时域有限差分算法进行处理，那么由接触处引起的 PIM 产物将被 FDTD 的误差噪声淹没。因此，该问题能得以有效解决是决定利用非线性时域有限差分算法对空间复杂大功率微波部件 PIM 效应进行数值分析成功的关键。

根据 PIM 发生的位置和特点可知，PIM 效应在整个微波部件中并不占主导地位，因为其发生的位置仅在非理想金属–金属接触处，而这些位置在整个微波部件只占极小部分，这也使得 PIM 电平非常低。基于该物理机理，可假定整个微波部件的响应仍以线性为主，将 PIM 效应看作一种微扰现象，然后将计算电磁学中微扰法的思想用于 PIM 效应的非线性时域有限差分算法分析，这将在很大程度上解决这一问题。

3.4.3　分析实例

接下来，以如图 3 – 20 所示的波导法兰盘为例进行 PIM 分析。

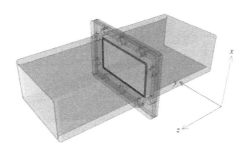

图 3 – 20　波导法兰盘

波导法兰盘的连接结参数如下：

法兰盘的建模参数：波导端口 1 的位置为 $(0, 0, -0.15) \sim (0.054\,61, 0.109\,22, -0.15)$；端口 2 的位置为 $(0, 0, 0.15) \sim (0.054\,61, 0.109\,22,$

0.15)。

激励信号：双路载波，载波频率分别为 2.16 GHz 和 2.21 GHz，总功率为 180 W。

网格剖分：整体网格尺寸为 2.7 mm。

非均匀网格剖分：方向范围为 –7 ~ 7 mm；剖分尺寸为 1.73 mm。

图 3 – 21 所示为无接触缝隙的矩形波导电磁仿真结果。由图可知，由于去除了法兰连接，不存在微接触，因此输出信号不会出现 PIM 分量。图中，两个主峰的频率值分别为 2.16 GHz 和 2.21 GHz，是双路载波的载频；输出功率 P_{out} 均为 49.5 dBm，数值仿真与理论分析一致，证明了电磁仿真的准确性。

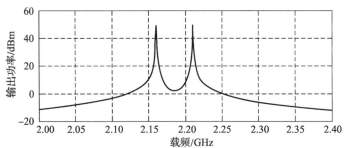

图 3 – 21　无接触缝隙的矩形波导电磁仿真结果

图 3 – 22 所示为存在接触缝隙时的矩形波导电磁响应仿真结果。理论上，由于存在法兰连接，因此波导内将出现由非理想接触而导致的 PIM 效应，表现为频谱出现 PIM 分量。但由图可见，未经任何处理的 PIM 仿真未出现任何 PIM 分量，其与图 3 – 21 表示的无接触缝隙时的情况几乎完全一样。显然，该现象与之前的理论分析是一致的。由于数值计算存在误差，PIM 电平又非常低，因此若不进行降噪处理就无法对 PIM 效应进行准确预估。

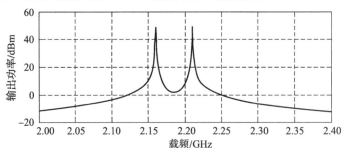

图 3 – 22　存在接触缝隙时的矩形波导电磁仿真结果

图 3 – 23 所示为利用本课题组提出的时域对消法计算得到的 PIM 产物结果。相比于未使用时域对消法的计算结果（图 3 – 21、图 3 – 22），利用时域对消法后，波导法兰盘在 180 W 输入功率的激励下，谱域内能够明显看到其

各阶 PIM 分量，非线性效应明显，3 阶 PIM 为 − 118.5 dBm，实验结果为 − 122 dBm，仿真结果与实验结果吻合良好，证明了时域对消法的有效性，也进一步验证了本课题组开发的电 − 热 − 应力约束条件下复杂结构微波部件 PIM 效应预测方法的准确性和有效性。

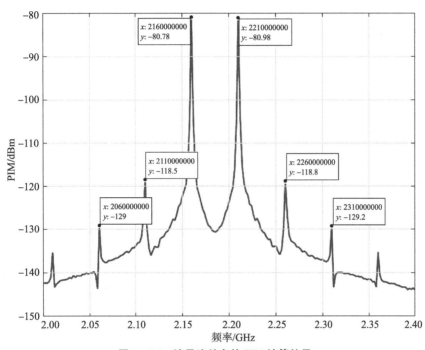

图 3 − 23　波导法兰盘的 PIM 计算结果

3.5　网状天线的无源互调分析

　　卫星通信技术始于 20 世纪 60 年代，在七八十年代得到蓬勃发展；20 世纪 90 年代，个人移动通信的应用为卫星通信的发展注入了新的动力。天线技术是卫星通信的关键技术，随着航天技术的发展，对星载天线提出更严格的要求——波束更窄、增益更高、通信距离更远，这促使天线反射面的尺寸越来越大、发射功率越来越大。受发射体积和发射质量的限制，可展开网状反射面天线（Deployable Mesh Reflector Antenna）因具有质量轻、天线收拢状态的体积小、天线的展缩比大、工作频带宽等特点，在空间应用中被广泛使用。天线的收发共用天线（或仅发射天线）位于接收天线附近时，天线所产生的 PIM 对于系统性能造成严重影响。因此,在天线设计之初即可进行网状天线 PIM 的分析评估对于网状天线的设计至关重要。图 3 – 24 所示为网状反射面天线收发共用的星载通信系统框图。

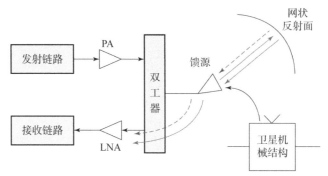

图 3 – 24   网状反射面天线收发共用的星载通信系统框图 (书后附彩插)

然而,金属网的微观接触机制非常复杂,网反射天线的 PIM 建模的理论方法目前仍处于起步阶段。总体而言,2002 年,Pelosi 课题组提出了 PIM 散射是由非线性金属接触引起的。他们还通过将时域物理光学 (TDPO) 方法应用于非线性空间来预测 PIM。但是,由于入射波近似平面波,并且 TDPO 方法有很多严重的累积误差,因此该方法在计算复杂的微波分量时并不准确。为了解决这个问题,刘莹、毛煜茹等人基于频域仿真和非线性电路,提出了一种由金属板和间隙组成的固体反射器天线上的 PIM 协同计算方法。2013 年,江洁、李团结等人研究了金属丝网的 PIM 问题,在分析金属丝网接触非线性时,将 GW 模型与 Hertz 接触理论相结合,建立了金属丝粗糙面上接触载荷与实际接触面积的关系。2018 年,武东伟、谢拥军等人提出了一种基于实际编织形式的网状反射面天线的 PIM 预测方法,并分析了金属网张力、表面粗糙度、温度和其他因素对于网状发射面天线的 PIM 影响规律。

3.5.1   网状天线电磁多尺度等效分析方法

多尺度电大尺寸工程问题是指电磁工程问题的宏观规模达到几十乃至几百个电波长,但其中存在几十分之一波长尺度上的微观结构,这些微观结构虽然尺度很小,却因数量规模巨大、材料 (或结构) 特殊,导致其对电磁问题的宏观特性的影响不可忽略。

对于典型的具有松散连接结构 (如网状天线),其网格尺度均在几十分之一波长以下,电性能则需要在几十个乃至上百个波长尺度的范围内进行求解。多尺度电磁结构中的微观结构的剖分密度远大于其他部分,导致矩阵的条件数恶化,在求解中收敛很慢,甚至不收敛。丝网结构会造成电磁波因绕射效应而泄露，而丝网节点处的金属结的非理想接触会引起网状天线的 PIM。该结构属于典型的多尺度、非线性 PIM 的电大尺寸电磁问题。

多尺度电磁工程问题无法利用现有的数值计算方法（如有限元、矩量法及其快速算法等）进行几何剖分运算，会导致矩阵求解无法收敛，甚至连几何剖分都无法完成。但是，微观结构由于数量规模、材料、结构等原因，其宏观影响必须通过数值计算来进行分析、评估。等效方法是解决这一矛盾的有效手段。等效方法是指将微观结构对于宏观结构中电磁行为的影响以边界条件的形式等效，并加入宏观结构进行求解。这种等效方法将问题分为两个阶段：在第 1 阶段，研究微观结构的电磁响应，并将其等效为边界条件；在第 2 阶段，解决不含有具体微观结构但含有其等效边界条件的宏观电磁问题。多尺度问题的等效方法化难为易，解决了直接求解方法中的数值离散化带来的计算难题，且充分考虑了微观结构的电磁效应。具有松散接触的周期性微观结构（如丝网反射面、频率选择表面、天线罩高频段特性分析等）的多尺度电大尺寸问题均可采用等效分析方法来进行数值分析。

美国的 Rahmat – Samii 等人应用 Floquet 方法研究了不考虑电接触模型（即理想搭接）情况下周期性反射面天线（mesh antenna）的特性，主要研究了周期结构单元的尺寸和形状等因素对于反射特性的影响。对于搭接的影响，以理想连接和完全断开两种极端情况作为极限来进行评估。毛煜茹、谢拥军等人采用的多尺度等效分析方法对松散连接的周期性单元结构进行电磁建模，并在金属结处引入金属搭接的电接触模型等效的 RLC 边界条件，采用 Floquet 方法来求解周期平面结构的电性能参数。这种网状天线多尺度等效方法的计算流程如图 3 – 25 所示。

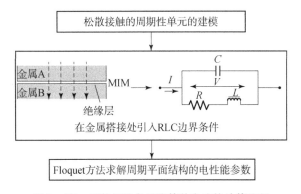

图 3 – 25　网状天线多尺度等效方法的计算流程

1. 网状天线金属丝接触建模分析

实际上，金属与金属之间的接触并非完全光滑表面的接触，而是在接触面上具有一定粗糙度的面接触。金属表面的粗糙度是指由于机械加工而在金属加工表面上分布的一些微小间距和峰谷共同构成的微观几何形状特性。这样，金属-金属间的接触实际上是发生在金属表面的峰和谷的接触，也可以将其理解为是一些凸起部分与凹陷部分的多种接触情况的综合。接触面暴露在空气中，表面生成氧化层或吸附污染物，形成 MIM（Metal Insulator Metal，金属-绝缘体-金属）结构，粗糙接触切面如图 3-26 所示。图 3-26 中有 5 种接触状态：①金属接触；②接触面之间夹有金属氧化膜；③接触面之间夹有绝缘介质；④微小空气间隙；⑤较大空气间隙。①和②形成电流的主要通道，形成收缩电阻和接触电阻；②中的氧化物依靠隧道效应和穿透薄膜的金属桥进行导电，属于半导体接触导电，是非线性的；③不导电，电流绕到金属接触处通过；在空气间隙（④和⑤），电流环绕间隙流过。当电流遇到阻抗 Z 时，就产生间隙电压，间隙电压是潜在的，可能激活任何一个非线性效应，从而产生 PIM 效应。

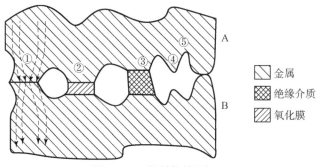

图 3-26　粗糙接触面切面

金属接触的等效电路模型如图 3-27 所示，实际接触区域的电容为 C_c，非接触区域的电容为 C_{n-c}，接触电阻为 R_c。

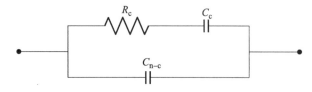

图 3-27　金属接触的等效电路模型

金属接触受外力载荷后，将微观接触区近似为面接触。对于粗糙表面的接触研究，将直接作用于接触面的电性能研究。采用 GW 模型来研究两个粗糙表面的接触状态时，将其中一个粗糙表面看作理想光滑硬平面，将另一个粗糙表面看作符合微凸体分布规律假设的粗糙面。这样引入等粗糙度表面的假设，就可以简化实际接触面积的计算。将两个接触表面的粗糙度叠加到一个等效平面后，就可以将问题简化为一个理想光滑硬平面与一个等效粗糙平面的接触分析。等效后的接触模型如图 3 - 28 所示，粗糙表面的微凸体部分参与接触，压入光滑硬平面，产生接触面积，承受接触载荷；部分不参与接触，不产生接触面积。

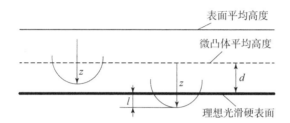

图 3 - 28　金属表面接触的 GW 模型

　　在图 3 - 28 中，l 表示微凸体凸峰压到硬平面上产生的微凸体径向变形量；d 表示粗糙表面上所有微凸体的平均高度参考线距理想光滑硬平面的距离；z 表示微凸体高度。此外，A_n 表示名义接触面积；A_{real} 表示实际接触面积；接触面粗糙度参数 $\beta = \eta\sigma r$，η 表示微凸体分布密度，σ 表示微凸体高度标准差；r 表示微凸体半径；假设所有微凸体高度相等且分布概率密度函数 $\phi(z)$ 服从高斯分布。

　　无量纲实际接触面积 $A^* = A_{real}/A_n$ 的计算公式如下：

$$A^* = \pi\beta l_c^* \left(\int_{d^*}^{d^*+l_c^*} I^1 + 0.93 \int_{d^*+l_c^*}^{d^*+6l_c^*} I^{1.136} + 0.94 \int_{d^*+6l_c^*}^{d^*+110l_c^*} I^{1.146} + 2 \int_{d^*+110l_c^*}^{+\infty} I^1 \right)$$

$$(3 - 32)$$

式中，I^α 的表达式为

$$I^\alpha = \left(\frac{z^* - d^*}{l_c^*} \right)^\alpha \phi^*(z^*) \, dz^* \qquad (3 - 33)$$

式中，无量纲微凸体平均高度 $d^* = d/\sigma$；无量纲微凸体高度 z^* 的概率密度函数 $\phi^*(z^*)$ 的表达式为

$$\phi^*(z^*) = \frac{1}{\sqrt{2\pi}} \frac{\sigma}{\sigma_s} \exp\left(-0.5 \left(\frac{\sigma}{\sigma_s} \right)^2 (z^*)^2 \right) \qquad (3 - 34)$$

$$\frac{\sigma}{\sigma_s} = \sqrt{1 - \frac{3.717 \times 10^{-4}}{\beta^2}}$$

式中，σ_s——微凸体等效表面高度标准差。

无量纲临界变形量 $l_c^* = l_c / \sigma$，l_c 的表达式为

$$l_c = \left(\frac{\pi K H}{2E} \right)^2 r \qquad (3-35)$$

式中，$K = 0.454 + 0.41v$，v 为材料的泊松比；

$\quad H$——材料硬度；

$\quad E$——赫兹弹性模量。

接触面上受到接触载荷后，微凸体将进入接触状态，接触载荷决定了参与接触的微凸体数 N_c，其表达式为

$$N_c = \eta A_n \int_{d^*}^{+\infty} \phi^*(z^*) \, dz^* \qquad (3-36)$$

因此，图 3-27 中非接触电容 C_{n-c} 的表达式为

$$C_{n-c} = \varepsilon_0 A_n (1 - A^*) d \qquad (3-37)$$

接触电容 C_c 的表达式为

$$C_c = \frac{\varepsilon_r \varepsilon_0 A_n A^*}{s} \qquad (3-38)$$

式中，ε_r——绝缘层的相对介电常数；

$\quad s$——绝缘层的厚度。

接触电阻 R_c 的表达式为

$$R_c \approx \frac{\rho_{M1} + \rho_{M2}}{4 N_c \bar{R}} \qquad (3-39)$$

式中，$\bar{R} \approx \sqrt{\dfrac{A_n A^*}{\pi N_c}}$；

$\quad \rho_{M1}, \rho_{M2}$——两种接触材料的电阻率。

2. 网状天线周期编织结构电磁分析

由于编织结构的金属网具有周期性，因此利用基于有限元法实现的 Floquet 模式展开求解金属网上的电磁波是一种有效的求解方法。周期有限元法允许通过仅分析周期单元来实现无限大平面的求解。首先，建立一个由周期性边界条件约束的周期性单元模型，并使用周期有限元法来获得无限大平面的反射系数。以下公式中的 d_x 和 d_y 是周期性参数。对于周期性结构，电磁场满足 Floquet 定理的周期性条件。那么，散射场 E_S 和透射场 E_T 可以写为

$$E_{\mathrm{S}} = \sum_{m=1}^{2} \sum_{p=-\infty}^{+\infty} \sum_{q=-\infty}^{+\infty} R_{mpq} \psi_{mpq} \tag{3-40}$$

$$E_{\mathrm{T}} = \sum_{m=1}^{2} \sum_{p=-\infty}^{+\infty} \sum_{q=-\infty}^{+\infty} B_{mpq} \psi_{mpq} \tag{3-41}$$

散射场远场仅由 TE 和 TM 模式组成时，则其中 $p=0$ 和 $q=0$；否则，可能存在高次模，$p=0$ 和 $q=0$ 对应主模式，$p\neq0$ 和 $q\neq0$ 对应于高次模。高次模式是渐逝模式，且场随距离增加而快速降低。下标 m 为 1 或 2，分别用于表示 TE 模式、TM 模。R_{mpq} 和 B_{mpq} 分别表示周期结构的反射系数和透射系数。

所得的 TE 和 TM 矢量模式函数 ψ_{mpq} 具有以下形式。

TE 模：
$$\psi_{1pq} = \frac{1}{\sqrt{d_x d_y}} \left(\frac{v_{pq}}{t_{pq}} \hat{x} - \frac{u_{pq}}{t_{pq}} \hat{y} \right) \varphi_{pq} \tag{3-42}$$

TM 模：
$$\psi_{2pq} = \frac{1}{\sqrt{d_x d_y}} \left(\frac{v_{pq}}{t_{pq}} \hat{x} + \frac{u_{pq}}{t_{pq}} \hat{y} \right) \varphi_{pq} \tag{3-43}$$

式中，
$$\varphi_{pq} = \mathrm{e}^{-\mathrm{i}(u_{pq}x + v_{pq}y + \gamma_{pq}z)} \tag{3-44}$$

电磁波入射金属网平面，k 是传播常数，入射方向为 (θ, ϕ)，则

$$u_{pq} = k\sin\theta\cos\phi + 2\pi p/d_x \tag{3-45}$$

$$v_{pq} = k\sin\theta\cos\phi + 2\pi q/d_y \tag{3-46}$$

$$\gamma_{pq} = \begin{cases} (k^2 - t_{pq}^2)^{1/2}, & k^2 > t_{pq}^2 \\ -\mathrm{i} \, |(k^2 - t_{pq}^2)^{1/2}|, & k^2 < t_{pq}^2 \end{cases} \tag{3-47}$$

式中，
$$t_{pq}^2 = u_{pq}^2 + v_{pq}^2, \quad p, q = 0, \pm 1, \pm 2, \cdots, \pm\infty \tag{3-48}$$

金属网的电性能在很大程度上取决于这些金属丝接触点的接触情况。任何阻碍电流流经这些结的因素都会导致反射性能的变差。因此，在金属网表面建模中应考虑导线交叉接触的影响。为正确模拟接触状态，如图 3 - 29 所示，在接触点的接触区域上施加集总边界条件（集总边界条件等效电路如图 3 - 27 所示），从而实现金属网表面电磁场的精确求解。

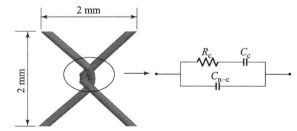

图 3 - 29　具有 MIM 结构的电接触模型的金属网周期结构电磁模型

3. 仿真实例

使用电磁多尺度等效方法分析正馈抛物反射面天线，抛物面直径为 0.6 m，焦距为 0.4 m。角锥喇叭位于反射面焦点，馈源喇叭驻波比 VSWR 为 1.2，工作频率为 8 GHz，极化方式为线极化。由 3.5.1 节第一部分中的公式计算网状反射面接触结等效电路的集总参数，$R_c \approx 50\ \Omega$，$C_{n-c} \approx 56\ \text{pF}$，$C_c = 25\ \text{pF}$。

将图 3 − 29 所示的编织结构接触结处的接触状态用三种状态来表征，分别为理想接触（Perfect − computed）、无接触（Broken − computed）和集总边界加载（Lumped − computed）。利用周期有限元法可以得出金属网反射损耗 S_{11}，如图 3 − 30 所示。

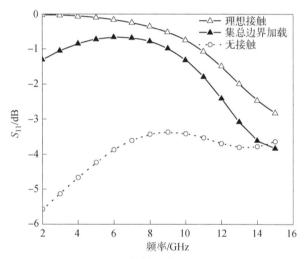

图 3 − 30　不同接触状态金属网反射系数

图 3 − 31 给出了不同接触模型的反射面天线的远场辐射方向。固体反射面与网状天线的材料相同，金属网由铜线编织而成。实线表示固体反射面天线的辐射方向，虚线和带圆圈的实线分别表示在金属丝接触结点处的完美连接和集总连接。

表 3 − 1 列出了这些反射面天线的最大方向性。由表可知，在 8 GHz 时，集总连接反射面天线的最大方向性与固体反射面和理想接触反射面相比分别降低了 0.9 dB 和 0.6 dB。在网状反射面天线的实际应用中，金属网的电性能特征很大程度上取决于这些金属丝接触结处的接触状态，建立适当的网状编织单元模型有助于实现网状反射面天线的性能的精确分析，精确的电性能分析是 PIM 分析的基础。

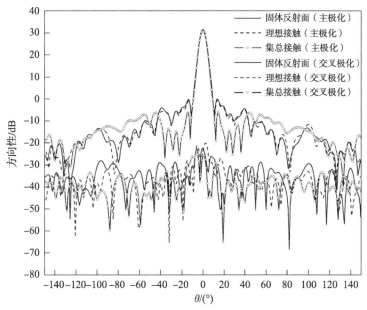

图 3 - 31　不同接触模型的反射面天线的远场辐射方向图（8 GHz）

表 3 - 1　反射面天线的最大方向性

反射面天线	最大方向性/dB
固体反射面	31.7
理想接触反射面	31.4
集总等效接触模型反射面	30.8

3.5.2　网状天线无源互调协同仿真方法

网状天线的 PIM 是由于金属丝接触引起的金属接触电流 – 电压非线性产生 PIM 电流，PIM 电流元再辐射进入接收通道而形成干扰。为模拟这一过程，精确评估网状天线的 PIM 性能，目前主要采用网状天线 PIM 协同仿真方法，其流程框图如图 3 – 32 所示。网状天线 PIM 协同仿真方法采用多尺度等效方法来分析实际编织网状天线的反射率等参数；采用相同反射率的有损耗材料固体反射面等效网状反射面，利用有限元法来求解反射面的表面电场；然后，利用非线性电路分析、计算金属结等效 PIM 辐射源；最后，通过假设金属结等效于电偶极子，可以通过频域 FEM 来模拟总辐射 PIM 功率。

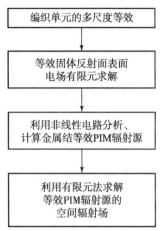

图 3 – 32   网状天线 PIM 协同仿真方法流程框图

网状天线金属丝接触结处的非线性电路模型的一般形式为

$$H = f(E) = C_0 + C_1E + C_2E^2 + C_3E^3 + \cdots + C_nE^n + \cdots \qquad (3-49)$$

式中，E——网状天线表面电场强度；

H——网状天线表面磁场强度；

C_n——依赖于金属结非线性特性的系数。

假设两个频率分别为 f_1 和 f_2 的大功率电磁波入射网状天线，利用网状天线多尺度等效方法分别求解网状天线表面的切向电场幅度，记为 E_1 和 E_2。那么在网状天线接触结处的激励电场可表示为

$$E = E_1\cos(2\pi f_1 + \varphi_1) + E_2\cos(2\pi f_2 + \varphi_2) \qquad (3-50)$$

式中，φ_1, φ_2——网状天线表面切向电场的初始相位。

令 $\theta_1 = 2\pi f_1 + \varphi_1$、$\theta_2 = 2\pi f_2 + \varphi_2$，则式（3 – 50）可简化为

$$E = E_1\cos\theta_1 + E_2\cos\theta_2 \qquad (3-51)$$

首先，提取表面切向电场，PIM 等效辐射源置于构成反射器的丝网采样中心。反射面表面切向电场 E 的方向如图 3 – 33 所示。磁场 H 与电场 E 在同一切平面内，并且垂直于电场 E 的方向。此外，PIM 等效辐射源的数量和坐标取决于反射面的直径和金属丝网采样面积的大小。反射面坐标系（x, y, z）和偶极子的坐标系（x', y', z'）见图 3 – 33 中所定义。分别仿真网状反射面天线的 PIM 的 x 极化分量和 y 极化分量。然后，将两个 PIM 分量的合成值作为 PIM 的平均值。因此，沿着 x 轴（或 y 轴）过反射面采样中心绘制抛物线曲线，仿真和提取其上的表面切向电场。以图 3 – 33 所示的反射面上的 PIM 辐射源 P 为例，其在反射面坐标系中的坐标定义为 $P(x_0, y_0, z_0)$。将反射面在反射面坐标系 xOy 平面上的投影分割为四边形分区，可获得四边形分区的中心位置水平坐

标（x_0, y_0），纵向坐标（z_0）可通过将水平坐标（x_0, y_0）代入反射面表面方程获得。那么，四边形分区的等效 PIM 辐射源的坐标是（x_0, y_0, z_0）。

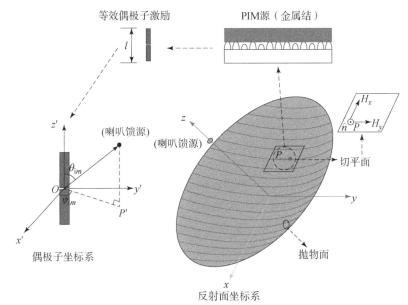

图 3-33　PIM 源等效图（书后附彩插）

通过 $P(x_0, y_0, z_0)$ 点的抛物面方程为

$$z = y^2 / 4F_c, \quad y \in \left(-\sqrt{\frac{D^2}{4} - x_0^2}, \sqrt{\frac{D^2}{4} - x_0^2} \right) \tag{3-52}$$

式中，D——反射面的直径；

F_c——反射面的焦距。

那么，通过 P 点的抛物线即

$$z - z_0 = y_0 (y - y_0) / (2F_c) \tag{3-53}$$

因此，在点 P 处的电场单位矢量为

$$\hat{E} = \frac{(0, 1, y_0/(2F_c))}{\sqrt{1 + (y_0/(2F_c))^2}} \tag{3-54}$$

单位法向矢量为

$$\hat{n} = \frac{\left(\dfrac{\partial f}{\partial x}, \dfrac{\partial f}{\partial y}, \dfrac{\partial f}{\partial z} \right)}{\sqrt{\left(\dfrac{\partial f}{\partial x} \right)^2 + \left(\dfrac{\partial f}{\partial y} \right)^2 + \left(\dfrac{\partial f}{\partial z} \right)^2}} \Bigg|_{(x_0, y_0, z_0)} = \frac{(x_0, y_0, -2F_c)}{\sqrt{x^2 + y^2 + 4F_c^2}} \tag{3-55}$$

式中，$f(x, y, z) = x^2 + y^2 - 4F_c z$。因此，在点 P 处磁场单位矢量为 $\hat{H} = (\hat{n} \times \hat{E} / |\hat{E}|^2)$。图 3-33 中所示的切平面由电场 E 和磁场 H 构成。偶极子沿着切平面的电场

（对应于偶极子坐标系的 z 轴）放置。

将式（3−51）代入式（3−49），得

$$H = \left(\frac{3}{4}C_3E_1^2E_2 + \frac{5}{4}C_5E_1^4E_2 + \frac{15}{8}C_5E_1^2E_2^3 + \frac{105}{64}C_7E_1^6E_2 + \cdots \right) \times \cos(2\theta_1 - \theta_2) +$$

$$\left(\frac{5}{8}C_5E_1^3E_2^2 + \frac{105}{64}C_7E_1^5E_2^2 + \frac{35}{16}C_7E_1^3E_2^4 + \cdots \right) \times \cos(3\theta_1 - 2\theta_2) + \cdots$$

$$(3-56)$$

$$J_S = \hat{n} \times H_j, j = 3,5,7,9,\cdots \tag{3-57}$$

$$I_A = \int_l J_S \cdot (\hat{n} \times dl) \tag{3-58}$$

$$\theta_j = m\theta_1 + n\theta_2 \tag{3-59}$$

$$j = |m| + |n| \tag{3-60}$$

式（3−60）给出了 PIM 产物 θ_j 的频率组合。其中，m 和 n 都是整数；j 为 PIM 阶数；H_j 是第 j 阶 PIM（PIM 频率）的磁场分量；J_S 是 PIM 面电流密度；$\hat{n}$ 是反射面上丝网采样中心的单位法向矢量；I_A 是第 j 阶 PIM 的非线性电路，作为偶极子的激励电流来求解 PIM 辐射场。

根据偶极子 i 的辐射角 θ_{im}，假设喇叭馈源在反射面坐标系中的坐标为 (x_{im}, y_{im}, z_{im})，喇叭馈源以偶极子 i 的辐射角间隔分为 M_i 部分，其编号为 m $(m = 1,2,\cdots,M_i)$。通过坐标变换可以得到偶极子坐标系中喇叭端口的坐标。偶极子的辐射角 θ_{im} 和 φ_{im} 如图 3−33 所示。反射面坐标系与偶极子坐标系之间的坐标变换关系为

$$\begin{bmatrix} x' \\ y' \\ z' \end{bmatrix} = \begin{bmatrix} 1 & 0 & 0 \\ 0 & \cos\alpha & \sin\alpha \\ 0 & -\sin\alpha & \cos\alpha \end{bmatrix} \begin{bmatrix} x - x_0 \\ z - z_0 \\ -(y - y_0) \end{bmatrix} \tag{3-61}$$

式中，$\alpha = a\tan y_0/(2F_c)$，$F_c$ 是反射面的焦距。因此，喇叭馈源在偶极子坐标系中的坐标 $(x_{im}', y_{im}', z_{im}')$ 可由式（3−61）推导得出，偶极子 i 的辐射角 θ_{im} 和 φ_{im} 为

$$\theta_{im} = a\tan\left(\frac{\sqrt{x_{im}'^2 + y_{im}'^2}}{z_{im}'} \right), \quad \varphi_{im} = a\tan\left(\frac{y_{im}'}{x_{im}'} \right) \tag{3-62}$$

修正辐射场公式为

$$\bar{E}_{im} = j\frac{60\pi I_A l}{\sqrt{2}\lambda r_{im}}\sin\theta_{im}e^{-j(kr_{im} + \varphi_i)} \tag{3-63}$$

式中，$\bar{E}_{im}, r_{im}$——第 i 个偶极子在辐射角 θ_{im} 上对应的等效辐射电场和辐射距离。

将式（3 - 64）代入平面波辐射功率公式，这样就可以计算喇叭馈源接收到源于网状反射面的 PIM 总功率，即

$$P = \sum_{i=1}^{N} \bar{P}_i = \sum_{i=1}^{N} \sum_{m=1}^{M_i} |\bar{E}_{im}|^2 S_{im} / (2\eta_0) \qquad (3 - 64)$$

式中，P——网状天线所有接触结等效偶极子的辐射 PIM 功率总和；

M_i, S_{im}——第 i 个偶极子的馈源接收口径上的面元数及其第 m 个面元的有效接收面积；

η_0——自由空间中的波阻抗；

N——偶极子的数量。

圆极化天线的 PIM 总功率是两个线性 PIM 分量（水平极化和垂直极化）的总和，相移为 $\frac{\pi}{2}$。另外，还需要考虑真实喇叭的接收效率。在图 3 - 33 中，给出了 PIM 电场相对于"辐射角 θ_{im}"的方向。

参 考 文 献

［1］ BENNETT W R, RICE S O. Note on Methods of Computing Modulation Products ［J］. Philosophical Magzine, 1934, 9: 422 - 424.

［2］ FEUERSTEIN E. Intermodulation Products for V - law Biased Wave Rectifier for Multiple Frequency Input. Quarterly of Applied Math. , Vol. 15, Apr 1957 - Jan 1958.

［3］ BROCKBANK R A, WASS C A A . Non - linear Distortion in Transmission Systems ［J］. Electrical Engineers Part Ⅲ Radio & Communication Engineering Journal of the Institution of, 1945, 92 (55): 45 - 56.

［4］ 张世全，葛德彪，魏兵. 微波频段金属接触非线性引起的无源互调功率电平的分析和预测［J］. 微波学报，2002，18（4）：26 - 34.

［5］ 张世全，傅德民，葛德彪. 无源互调干扰对通信系统抗噪性能的影响［J］. 电波科学学报，2002，17（2）：138 - 142.

［6］ ZHANG S Q, WANG. Calculation of PIM Amplitude and Measurement of PIM Power Level ［J］. Journal of Changde Teachers University, 2002, 14 (3): 69 - 72.

［7］ 张世全，葛德彪. 基于傅里叶级数法的互调产物一般特性分析［J］. 电波科学学报，2005，20（2）：265 - 268.

［8］ ZHANG S Q, WU Q D, CHEN C, et al. Prediction of Passive Intermodulation

Power Level at Microwave Frequencies ［C］∥ Asia – pacific Microwave Conference. IEEE, 2008.

［9］ 王海宁, 等. 用 IM Microscope 方法计算无源互调产物 ［J］. 空军工程大学学报（自然科学版）, 2005, 6（3）: 47 – 49.

［10］ 王聪敏, 王光明, 张博. 基于幂级数法分析和计算 MIM 引起的无源互调功率电平 ［J］. 空军工程大学学报（自然科学版）, 2008, 9（1）: 37 – 40.

［11］ ENG K Y, STERN T E. The Order – and – Type Prediction Problem Arising from Passive Intermodulation Interference in Communications Satellites ［J］. IEEE Transactions on Communications Systems, 1981, 29（5）: 549 – 555.

［12］ ENG K Y, YUE O C. High – Order Intermodulation Effects in Digital Satellite Channels ［J］. IEEE Transactions on Aerospace and Electronic Systems, 1981, 17（3）: 438 – 445.

［13］ BOYHAN J W. Ratio of Gaussian PIM to Two – Carrier PIM ［J］. IEEE Transactions on Aerospace and Electronic Systems, 2000, 36（4）: 1336 – 1342.

［14］ ABUELMA'ATTI M T. Prediction of Passive Intermodulation Arising from Corrosion ［J］. IEEE Proceedings: Science, Measurement and Technology, 2003, 150（1）: 30 – 34.

［15］ ABUELMA'ATTI M T. Large Signal Analysis of the Y – fed Directional Coupler ［J］. Frequenz, 2008, 62（11）: 288 – 292.

［16］ VICENTE C, HARTNAGEL H L. Passive – Intermodulation Analysis Between Rough Rectangular Waveguide Flanges ［J］. IEEE Transactions on Microwave Theory and Techniques, 2005, 53（8）: 2515 – 2525.

［17］ RUSSER JOHANNES, RAMACHANDRAN ARAVIND, CANGELLARIS ANDREAS, et al. Phenomenological Modeling of Passive Intermodulation（PIM）due to Electron Tunneling at Metallic Contacts ［C］∥ International Microwave Symposium Digest. IEEE, 2006.

［18］ SHITVOV A P, ZELENCHUK D E, SCHUCHINSKY A G, et al. Studies on Passive Intermodulation Phenomena in Printed and Layered Transmission Lines ［C］∥ High Frequency Postgraduate Student Colloquium, 2005, IEEE, 2005.

［19］ ZELENCHUK D, SHITVOV A P, SCHUCHINSKY A G, et al. Passive Intermodulation on Microstrip Lines ［C］∥ European Microwave Conference. IEEE, 2007.

［20］ ZELENCHUK D E, SHITVOV A P, SCHUCHINSKY A G, et al. Passive Intermodulation in Finite Lengths of Printed Microstrip Lines [J]. IEEE Transactions on Microwave Theory and Techniques, 2008, 56 (11): 2426 – 2434.

[21] HENRIE J, CHRISTIANSON A, CHAPPELL W J. Prediction of Passive Intermodulation from Coaxial Connectors in Microwave Networks [J]. IEEE Transactions on Microwave Theory and Techniques, 2008, 56 (1): 209 – 216.

[22] BOLLI P, NALDINI A, PELOSI G, et al. A Time Domain Physical Optics Approach to Passive Intermodulation Scattering Problems [C] // Antennas & Propagation Society International Symposium. IEEE, 1999.

[23] SELLERI S, BOLLI P, PELOSI G. A Time – Domain Physical Optics Heuristic Approach to Passive Intermodulation Scattering [J]. IEEE Transactions on Electromagnetic Compatibility, 2001, 43 (2): 203 – 209.

[24] BOLLI P, SELLERI S, PELOSI G. Passive Intermodulation on Large Reflector Antennas [J]. IEEE Antenna's and Propagation Magazine, 2002, 44 (5): 13 – 20.

[25] SELLERI S, BOLLI P, PELOSI G. Automatic Evluation of the Non – Linear Model Coefficients in Passive Intermodulation Scattering Via Genetic Algorithms [C] // IEEE Antennas and Propagation Society International Symposium, 2003: 390 – 393.

[26] SELLERI S, BOLLI P, PELOSI G. Genetic Algorithms for the Determination of the Nonlinearity Model Coefficients in Passive Intermodulation Scattering [J]. IEEE Transactions on Electromagnetic Compatibility, 2004, 46 (2): 309 – 311.

[27] SELLERI S, BOLLI P, PELOSI G. Some Insight on the Behaviour of Heuristic PIM Scattering Models for TD – PO Analysis [C] // IEEE Antennas and Propagation Society International Symposium, 2004.

[28] LOJACONO R, MENCATTINI A, SALMERI M, et al. Simulation of the Effects of the Residual Low Level PIM to Improve Payload Design of Communication Satellites [C] // IEEE Aerospace Conference. IEEE, 2005.

[29] ISHIBASHI D, KUGA N. Analysis of 3rd – order Passive Intermodulation Generated from Metallic Materials [C] // Asia – pacific Microwave Conference. IEEE, 2008.

[30] YOU J W, WANG H G, ZHANG J F, et al. Accurate Numerical Analysis of Nonlinearities Caused by Multipactor in Microwave Devices [J]. IEEE Microwave and Wireless Components Letters, 2014, 24 (11): 730 – 732.

[31] YOU J W, ZHANG J F, GU W H, et al. Numerical Analysis of Passive Inter-

modulation Arisen From Nonlinear Contacts in HPMW Devices［J］. IEEE Transactions on Electromagnetic Compatibility，2017，PP（99）：1 – 11.

［32］YOU J W，CUI T J. Modeling Nonlinear Phenomena of Multipactor and Passive Intermodulation［C］//Microwave Conference. IEEE，2017.

［33］WANG Y L，WANG Y W，NAI C X，et al. 2D Modelling and Simulation of DC Resistivity Using Comsol［C］// Instrumentation，Measurement，Computer，Communication and Control（IMCCC），2012 Second International Conference on. IEEE，2012.

［34］李淑君，王惠泉，赵文玉，等. 基于 COMSOL 多物理场耦合仿真建模方法研究［J］. 机械工程与自动化，2014，185（4）：19 – 20，23.

［35］WANG X B，CUI W Z，WANG J Y，et al. 2D PIM Simulation Based on COMSOL. PIERS 2011 Marrakesh Proceedings［C］//The Electromagnetics Academy，2011：181 – 185.

［36］古伟辉. 无源互调效应数值分析方法的研究［D］. 南京：东南大学，2016.

［37］WU D W，XIE Y J，KUANG Y，et al. Prediction of Passive Intermodulation on Mesh Reflector Antenna Using Collaborative Simulation：Multiscale Equivalent Method and Nonlinear Model［J］. IEEE Antenna and Propagation，2018，66（3）：1516 – 1521.

［38］江洁. 微波部件无源互调的力热效应研究［D］. 西安：西安电子科技大学，2016.

［39］LIU Y，MAO Y R，XIE Y J，et al. Evaluation of Passive Intermodulation Using Full – Wave Frequency – Domain Method With Nonlinear Circuit Model［J］. IEEE Transactions on Vehicular Technology，2016，65（7）：5754 – 5757.

［40］MAO Y R，LIU Y，XIE Y J，et al. Simulation of Electromagnetic Performance on Mesh Reflector Antennas：Three – Dimensional Mesh Structures With Lumped Boundary Conditions［J］. IEEE Transactions on Antennas & Propagation，2015，63（10）：4599 – 4603.

［41］WU D，XIE Y，KUANG Y，et al. Prediction of Passive Intermodulation on Mesh Reflector Antenna Using Collaborative Simulation：Multiscale Equivalent Method and Nonlinear Model［J］. IEEE Transactions on Antennas and Propagation，2018，66（3）：1516 – 1521.

［42］毛煜茹，谢拥军．电磁多尺度和非线性效应分析［J］．北京航空航天大学学报，2015，41（10）：1848－1852.

［43］毛煜茹，刘莹，谢拥军，等．金属接触非线性引起的无源互调效应的数值分析［J］．电子学报，2015，43（6）：1174－1178.

第 4 章

微波部件无源互调定位技术

|4.1 概述|

无源互调（PIM）的产生机理十分复杂，在实际的微波部件及系统中存在很多非线性源，在大功率载波激励下，每个非线性源都可能产生 PIM，最终叠加形成 PIM 干扰输出。由于 PIM 的物理起因复杂多样，在多种因素作用下，表现出不可预知性，因此无法完全避免 PIM 隐患的存在，在一个微波部件（或子系统）内部往往会存在多个可能的 PIM 隐患点或发生点。这些问题在星载环境下因条件的特殊性而被放大，从而显得更加严重，通常只能在多种组合测试条件和长时间观察下才有可能得到可靠的数据，并且很多时候即使测到了 PIM 分量，也难以有效地定位其发生点，从而严重影响产品的研制周期。如果可以精确地寻找出主要的、关键的 PIM 源，就可以有针对性地进行抑制，进而大幅提高解决 PIM 干扰的效率，这对于解决 PIM 问题无疑是十分有效的方法之一。综上所述，开展微波部件 PIM 检测与定位技术研究具有十分重要的意义。

目前，针对任意多点 PIM 源的定位属于国际难题，尚无公开报道的有效方法，其主要难点在于多个 PIM 源相互耦合叠加，很难通过测试结果来直接获取其位置信息。实现 PIM 定位的关键在于如何在高灵敏度 PIM 检测的基础上，根据 PIM 发生点的相位幅度信息，通过理论建模和创新算法来反演提取出物理位置信息。同时，PIM 定位是基于测试系统开展的，而实际系统及部件大多为窄带器件，无法提供足够的采样带宽，从而进一步增大了理论计算的复杂度，因此实现 PIM 定位的另一个关键是如何通过有效的误差优化方法来摆脱实际硬件带宽限制，实现从理论到应用的过渡。

4.2　无源互调定位技术的应用背景及研究现状

4.2.1　封闭结构无源互调源定位技术

PIM 的定位根据被测件的形式可以分为封闭腔体结构的定位、开放结构的定位。关于封闭腔体结构的 PIM 定位的文献较少，这主要是因为，封闭腔体结构实现 PIM 定位的方法基本上依赖于相位（或驻波）性质进行反演而得出物理长度，这种方法虽然对简单的结构（如传输线）或许可以适用，但是当一个复杂结构（或多个复杂结构）组合成系统时，其内部的电磁波传输路径及相位特性将十分复杂，通过相位（或驻波）反演出的信息无法与物理长度直接对应，而取决于不同的电磁结构模型，因此难以提出普适的腔体结构 PIM 定位方法。

单纯的 PIM 测量系统无法提供 PIM 发生点的位置信息，对于封闭腔体结构进行 PIM 发生点及隐患点定位的方法主要有以下 3 种：

（1）敲击测试。使用小的橡胶锤对被测系统中各个组件和电缆连接器进行敲击，同时持续监测 PIM 电平，在这种干扰下，有 PIM 隐患缺陷的部分通常会导致 PIM 电平大幅波动。

（2）渐进测量。渐进地组装（或拆卸）被测系统，同时在每个阶段对部分组装的系统实施 PIM 测量，从而逐渐缩小位置信息的模糊度，以确定系统中发生 PIM 的部件（组件）。

（3）人工检查可能的隐患点。

上述方法均需人工参与，只能粗略进行判断，无法准确地实现多个 PIM 发生点的定位。

2017 年，中国空间技术研究院西安分院在重大研究项目的支持下，联合浙江大学，提出了全新的基于波矢 k 空间傅里叶变换的 PIM 定位理论方法，系统地、全面地研究了封闭结构微波部件实现 PIM 源定位的方法流程，并结合实际给出了针对性的误差优化算法，实现了一定程度的实验验证，是目前国内外在封闭结构 PIM 定位方面最深入、最有价值的研究成果，本书后文将对此详细介绍。

4.2.2　开放结构无源互调源定位技术

关于 PIM 定位方法的公开文献大多集中在开放结构的 PIM 定位，主要有两种方法：近场扫描；外加激励。

近场扫描进行 PIM 定位的原理：首先，用两个发射天线发出载波信号来激励开放结构待测件；然后，用一个高定向性的接收天线来接收待测件产生的 PIM 信号；最后，通过机械扫描机构来使接收天线完成某个平面的扫描。有学者采用这种方法在 1.5 GHz 上实现了对天线暗室墙壁的扫描测试。近场扫描还有采用微波全息成像法，通过两路发射天线激励反射面，在反射面的近场通过平面扫描，在 PIM 频率处实现对散射场的采样，然后利用微波全息成像方法得出反射面上 PIM 场的分布。

关于近场扫描方法，比较有代表性的是芬兰赫尔辛基理工大学的 Antti V. Raisanen 和 Sami Hienonen 等人所做的工作，他们设计了近场扫描法，其系统框图如图 4 − 1 所示。其思想是：利用探针在开放结构 DUT（待测器件）的近场对其 PIM 频率下的场强进行扫描，为了获得较高的灵敏度和分辨率，要求探针距离 DUT 的距离小于 10 倍波长。他们利用该方法实现了 GSM 900 MHz 频段下 3 阶 PIM 的幅度相位检测，利用相位信息实现了 PIM 定位，扫描范围为 0.3×1 m^2。在他们发表的论文中提到，他们可以利用该扫描方法来实现在两路 20 W 输入条件下，对天线和微带线的 PIM 源定位，其灵敏度范围为 $-110 \sim -80$ dBm。

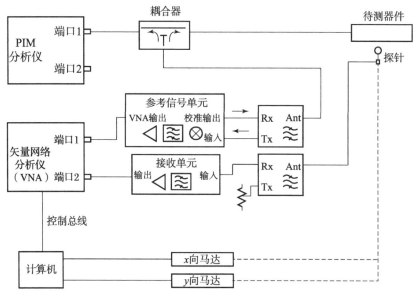

图 4 − 1　近场扫描法系统框图

近场扫描方法的主要局限在于探针自身会产生 PIM，这会对检测的灵敏度产生影响。探针产生的 PIM 主要取决于探针以及待测器件的结构。

利用外加激励来实现开放结构 PIM 定位的方法于 1987 年由 John. C. Mantovani等人提出。其核心思想是：通过两路载波激励 DUT（如 MIM 结）来产生 PIM，同时用聚焦的高功率声波波束激励 DUT，大功率的声波信号会使 DUT 产生振动，从而影响其 PIM 特性。其具体实施：将声波频率调制到 PIM 产物的边带上，通过对边带分量的检测来实现 PIM 的定位。声波激励实现 PIM 定位原理示意如图 4 - 2 所示。

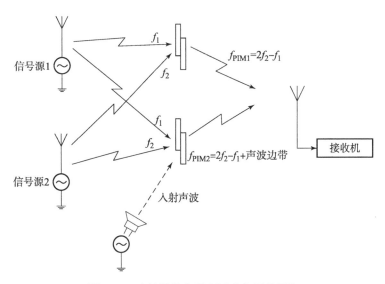

图 4 - 2　声波激励实现 PIM 定位原理示意

|4.3　基于波矢 k 空间傅里叶变换的无源
互调定位理论方法及实现架构|

4.3.1　基于波矢 k 空间傅里叶变换的无源互调定位算法理论

多载波调制技术广泛应用于现代无线通信系统。在典型通信应用中，时域多载波信号由 N 个幅度为 V_i、相位为 φ_i 的载波合成，其载波的频率相差 Δf_k，多载波信号可以写为

$$v(t) = \sum_{i=1}^{N} V_i \exp\left(j\left(2\pi\left(f_0 + \sum_{k=1}^{i-1} \Delta f_k\right)t + \varphi_i\right)\right) \qquad (4-1)$$

式中，f_0——初始频率。

若初始相位为零（$\varphi_i = 0$），频率间隔相同（$\Delta f_k = \Delta f$），载波等幅分布（$V_i = V_0$），则式（4-1）可简化为

$$v(t) = V_0 \sum_{i=1}^{N} \exp\left(j\left(2\pi\left(f_0 + (i-1)\Delta f\right)t + \varphi_i\right)\right)$$

$$= V_0 \frac{\sin(\pi N \Delta f t)}{\sin(\pi \Delta f t)} \exp(j 2\pi f_0 t) \qquad (4-2)$$

图 4-3 所示为 6 路等幅度等频率间隔组成的时域多载波信号，T 为多载波信号周期。

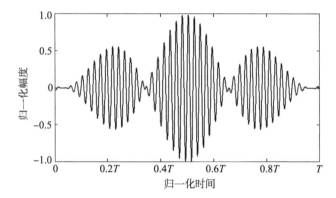

图 4-3 时域多载波信号

由时域多载波概念出发，本章提出波矢 k 空间傅里叶变换定位算法，以实现 PIM 源定位，具体步骤如下。

第 1 步，将两路可控相干激励信号源和一路 PIM 参考信号源共用同一参考信号源。这两路可控相干激励信号源分别产生单频的可控相干射频信号来作为发射载波，频率分别为 f_1、f_2，两路可控相干射频信号源发射的信号经放大合路后注入待测器件；当注入后的两路信号总功率大于待测器件的触发阈值时，待测器件产生实际 PIM 信号；同时，PIM 参考信号源产生"虚拟"的 PIM 参考信号，其频率为 $f_3 = \alpha f_1 + \beta f_2$，$\alpha$、$\beta$ 为 PIM 信号的阶数参数，与实际需要测量的 PIM 信号阶数相对应。

第 2 步，在接收端，实际 PIM 信号与"虚拟"PIM 参考信号分别经相应滤波器滤波后，通过相位比较器得到实际 PIM 信号与"虚拟"PIM 参考信号之间的相位差为 Φ，并通过时域傅里叶变换测量来获得实际 PIM 信号的幅度值 A。

第 3 步，线性增大两路可控相干射频信号的功率，在不同功率下通过得到的 PIM 信号相位差 Φ 的变化来判断是否产生新的 PIM 信号，从而获得新的 PIM 信号触发阈值。

第 4 步，将两路可控相干激励信号源的功率设定为新的 PIM 信号触发阈值。

第 5 步，重复以上步骤，等间隔线性改变两路可控相干射频信号中任意一路的频率值，从而获得多组 PIM 信号的幅度值 A_n 和相位差值 Φ_n。

第 6 步，将测量得到的 PIM 信号的幅度值 A_n 和相位差值 Φ_n 合成矢量信号形式 $A_n \mathrm{e}^{j\Phi_n}$。

假设在均匀待测波导腔体中存在 N 个 PIM 源，距离入射端口位置分别为 $x_1, x_2, \cdots, x_N$，则针对任一 PIM 源，按照上述定位步骤可以得到第 i 个 PIM 源的矢量信号形式为

$$s_i(k_{\mathrm{PIM}}) = A_i \exp(j\Delta\Phi_i(k_{\mathrm{PIM}})) \tag{4-3}$$

式中，A_i——特定阶数的 PIM 信号幅度；

$\Delta\Phi_i(k_{\mathrm{PIM}})$——距离入射端口 x_i 产生的特定阶数的 PIM 信号到器件端口的相移。需要注意的是，随着每次相干激励信号源的频率变化，PIM 信号波矢 k_{PIM} 也线性变化。

最终，根据矢量合成原理，测量得到的 PIM 幅度值 A_n 和相位差值 Φ_n 合成的矢量信号等于所有 PIM 源矢量信号的叠加，即

$$A(k_{\mathrm{PIM}})\exp(j\Phi(k_{\mathrm{PIM}})) = \sum_{i=1}^{N} A_i \exp(j\Delta\Phi_i(k_{\mathrm{PIM}})) \tag{4-4}$$

进一步将式（4-4）写成函数形式：

$$F(k_{\mathrm{PIM}}) = \sum_{i=1}^{N} A_i \exp(j(m(\varphi_1 + \Delta\varphi_1) + n(\varphi_2 + \Delta\varphi_2) + 2k_{\mathrm{PIM}}x_i + \Delta\varphi_{\mathrm{MIM}}))$$

$$\tag{4-5}$$

式中，φ_1, φ_2——两路测试信号的初始相位；

$\Delta\varphi_{\mathrm{MIM}}$——PIM 信号在发生点的固定相移。

可以看出，函数 $F(k_{\mathrm{PIM}})$ 为波矢 k 空间上的多载波信号。因此可以认为，在传输线内部的多个 PIM 源所产生的 PIM 产物在器件端口处叠加后，将在波矢 k 空间形成一个"多载波"。但对于指定阶次的 PIM 产物，该多载波的变量是波矢，而不是时间，其对应的"频率"为各 PIM 源距离端口的距离。

在上述认识下，可对函数 $F(k_{\mathrm{PIM}})$ 在波矢 k 空间进行傅里叶变换。根据式（4-5）可知，该复信号在经过波矢 k 空间的傅里叶变换后，所得到的"频

谱"为一系列冲激串,其横坐标值分别为 $x_1, x_2, \cdots, x_N$,即 PIM 源的位置信息。通过以上方法,就可以在理论上实现任意多个 PIM 源的定位,其算法简化流程如图 4 – 4 所示。

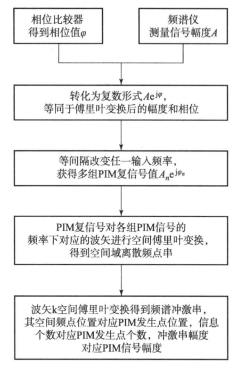

图 4 – 4   基于波矢 k 空间傅里叶变换的 PIM 源定位方法流程图

4.3.2   基于波矢 k 空间傅里叶变换的无源互调定位实现架构

根据 4.3.1 节的定位理论可知,基于波矢 k 空间傅里叶变换的 PIM 定位需要通过人工产生"虚拟"的 PIM 参考信号与待测件产生的实际 PIM 信号来进行幅度、相位比较,以获得实际 PIM 信号的幅度、相位信息,因此定位算法的实现应以 PIM 测量为基础,PIM 定位理论的实现架构框图如图 4 – 5 所示。采用 3 台共用同一参考时钟的矢量信号源,通过精确控制激励信号源 1、2 的初始相位,根据待测 PIM 阶数,由信号源 3 产生相应的 PIM 频率及初始相位,从而产生一个"虚拟"的人工 PIM 参考源,其位置在信号源 3 的输出端口。显然,由于采用相同的参考时钟,因此信号源 1、信号源 2、信号源 3 都是相干的。信号源 1、信号源 2 输出信号的频率分别为 f_1、f_2,其初始相位分别为 φ_1、φ_2,经功率放大器进行信号功率放大,由合路器将两路信号合为一路信号,经双工器到达待测器件,待测器件内部产生 PIM 信号,由双工器分离出反射 PIM 信号,经过滤波器得到所需的实际 PIM 信号。信号源 3 产生一个"虚拟"的人工 PIM 参考源，其频率为 $mf_1 \pm nf_2$，初始相位为 φ_3，m、n 为正整数。最终，实际 PIM 信号和虚拟 PIM 信号到达相位比较器进行相位比较，获得两路信号的相位差。

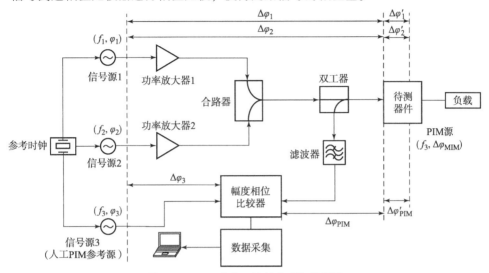

图 4 - 5　PIM 定位理论的实现架构框图

信号源 1 到达待测器件的相移记为 $\Delta\varphi_1$，信号源 2 到达待测器件的相移记为 $\Delta\varphi_2$，待测器件产生的反射 PIM 产物通过滤波器得到特定阶数的实际 PIM 信号，由于双工器、滤波器的相位延时可以自行设定调节，因此实际 PIM 信号从双工器处到达相位比较器的相位差已知，记为 $\Delta\varphi_{PIM}$。信号源 3 产生的虚拟信号相位为 φ_3；虚拟 PIM 信号从源端到相位比较器所经过的相移是已知的，记为 $\Delta\varphi_3$。需要求解的是，待测器件产生的 PIM 信号反射至与双工器连接端口的未知相位 $\Delta\varphi'_{PIM}$。经过信号处理得到的两路信号的相位差为 $\Delta\varphi_m$。当存在多个 PIM 源时，可通过相位比较器测量得到与"虚拟"PIM 参考源的相位差 $\Delta\varphi_m$，$\Delta\varphi_m$ 为来自所有位置的多个相同阶数 PIM 信号的叠加相位与"虚拟"PIM 信号的相位差。

$m + n$ 是 PIM 信号的阶数，通过调整 m 和 n 的数值，就可以测量相应频率 PIM 信号的相位。PIM 发生点的 PIM 信号初始相位与阶数成相应关系，$m + n$ 阶 PIM 信号对应的初始相位为 $m(\varphi_1 + \Delta\varphi_1 + k_1 x) + n(\varphi_2 + \Delta\varphi_2 + k_2 x) + \Delta\varphi_{MIM}$，$k_1$、$k_2$ 为两路测试信号的波矢，$\Delta\varphi_{MIM}$ 为 PIM 信号在发生点的固定相移。因此可得 $\Delta\varphi_m$ 为

$$\Delta\varphi_m = m(\varphi_1 + \Delta\varphi_1) + n(\varphi_2 + \Delta\varphi_2) + 2\Delta\varphi'_{PIM} + \Delta\varphi_{PIM} + \Delta\varphi_{MIM} - $$
$$\varphi_3 - \Delta\varphi_3 + 2d\pi \qquad\qquad (4-6)$$

式中，d 为整数。

如图 4-6 所示，假设均匀待测波导腔体中存在 N 个 PIM 源，其对应距离入射端口的位置分别为 $x_1, x_2, \cdots, x_N$。

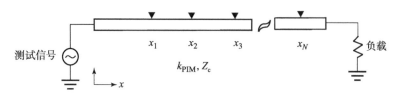

图 4-6　均匀封闭腔体模型

▼—PIM 源；Z_c—传输线的特定阻抗

根据波矢与相移的关系，可将式（4-6）改写为

$$\Delta \Phi_i = m(\varphi_1 + \Delta \varphi_1) + n(\varphi_2 + \Delta \varphi_2) + 2(mk_1 x_i + nk_2 x_i) + \Delta \varphi_{MIM} + \Delta \varphi_{PIM}$$

$$= m(\varphi_1 + \Delta \varphi_1) + n(\varphi_2 + \Delta \varphi_2) + 2k_{PIM} x_i + \Delta \varphi_{MIM} + \Delta \varphi_{PIM} \quad (4-7)$$

式中，$\Delta \Phi_i$——第 i 个 PIM 源到达相位比较器所产生的相移；

k_1, k_2, k_{PIM}——信号源 1、信号源 2、$m+n$ 阶 PIM 信号在封闭微波腔体传播的波矢，它们满足如下关系：

$$k_{PIM} = mk_1 + nk_2 \quad (4-8)$$

在实际应用中，待测微波腔体往往是非均匀的，并且存在多个 PIM 发生位置。图 4-7 所示为非均匀微波腔体 PIM 传输模型，其中存在 N 个 PIM 源，其对应距离入射端口的位置分别为 $x_1, x_2, \cdots, x_N$，待测微波腔体内部共存在 P 段均匀子段，对于某个特定阶数的 PIM 信号，其波矢分别为 $k_{PIM1}, k_{PIM2}, \cdots, k_{PIMP}$。假设第 i 个 PIM 源落在第 k 段均匀子段上，则 $m+n$ 阶 PIM 信号到达相位比较器的相位为

$$\Delta \Phi_i = m(\varphi_1 + \Delta \varphi_1) + n(\varphi_2 + \Delta \varphi_2) +$$

$$2\left(\sum_{j=1}^{k-1} k_{PIMj} l_j + k_{PIMj} \left(x_i - \sum_{j=1}^{k-1} l_j \right) \right) + \Delta \varphi_{MIM} + \Delta \varphi_{PIM} \quad (4-9)$$

式中，$\Delta \Phi_i$——第 i 个 PIM 源到达相位比较器所产生的相移；

k_{PIMj}——$m+n$ 阶 PIM 信号在封闭微波腔体中第 j 段均匀传输子段的波矢；

l_j——封闭微波腔体中第 j 段均匀传播子段的长度。

同理，在封闭微波腔体第 j 段均匀传播子段上，信号源 1、信号源 2、$m+n$ 阶 PIM 信号在封闭微波腔体传播的波矢满足的关系为

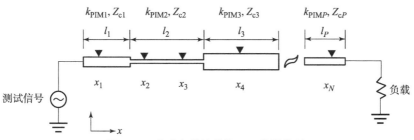

图 4 – 7　非均匀微波腔体 PIM 传输模型

▼—PIM 源

$$k_{\text{PIM}j} = mk_{1j} + nk_{2j} \qquad\qquad (4 - 10)$$

式中，$k_{1j}, k_{2j}, k_{\text{PIM}j}$——信号源 1、信号源 2、$m + n$ 阶 PIM 信号在封闭微波腔体中第 j 段均匀传播子段的波矢。

因此，对于非均匀微波腔体，可以得到一个"平均"波矢，具体为

$$\bar{k}_{\text{PIM}} = \left(\sum_{j=1}^{P} k_{\text{PIM}j}l_j \right) / L \qquad\qquad (4 - 11)$$

式中，P——非均匀微波腔体所有的子段数目；

L——非均匀微波腔体的物理长度。

因此，可以将非均匀微波腔体等效为一个具有平均波矢的均匀微波腔体。

当待测微波腔体为非均匀复杂微波腔体时，根据 4.3.1 节方法得到的 PIM 源位置需要进行后续的处理。由式（4 – 10）和式（4 – 11），可得 PIM 源的实际位置为

$$x_i = \sum_{j=1}^{S_i-1} l_j + \left(\bar{k}_{\text{PIM}}x'_i - \sum_{j=1}^{S_i-1} k_{\text{PIM}j}l_j \right) / k_{\text{PIM}S_i} \qquad\qquad (4 - 12)$$

式中，S_i——第 i 个 PIM 源所在的传输子段；

x'_i——由波矢 k 空间傅里叶变换得到的理论 PIM 源的位置。

4.3.3　基于波矢 k 空间傅里叶变换的无源互调定位理论算法适用范围及使用条件

基于上节所述的基于波矢 k 空间傅里叶变换定位算法，具体实现时需要满足以下要求：

（1）待测器件除了有导致 PIM 的非线性因素外，其是测量带宽内输入/输出端口匹配良好的线性器件。

（2）测量系统能够保证指定阶数 PIM 分量合成的 PIM 信号相位在器件端口处得到测量。

（3）测量系统带宽可以保证针对合成 PIM 信号的 k 域离散采样间隔和采

样长度。

（4）测量系统需滤除指定阶数 PIM 信号以外的其他阶 PIM 信号及激励载波信号。

（5）各 PIM 发生点的幅度特性在测量带宽内保持稳定。

除以上条件外，根据算法原理，还需要满足以下参数条件限制。

1. 波矢采样率

在基于波矢 k 空间傅里叶变换 PIM 定位算法中，由于需要进行傅里叶变换，因此必须首先满足傅里叶变换本身的适用范围和使用条件。

傅里叶变换的采样精度 f_s 必须满足奈奎斯特采样定理，以防止频谱混叠。由式（4-5）可以得到

$$f_s = \frac{1}{\Delta k_{PIM}} \geq 2f_{max} \tag{4-13}$$

式中，Δk_{PIM}——波矢 k 空间的采样间隔；

f_{max}——波矢 k 空间频谱中的最高频率，即距离入射端口最远的 PIM 源距离。

假设待测微波腔体器件长度为 L，则有

$$f_s \geq 4L \tag{4-14}$$

2. 波矢 k 空间频谱分辨率

在傅里叶变换中，定义两个有效频谱谱线之间的距离为频谱分辨率。据前所述，PIM 复信号经过波矢 k 空间的傅里叶变换后，所得到的频谱为一系列冲激串，其横坐标值分别为 $x_1, x_2, \cdots, x_N$，即 PIM 源的位置信息。由于波矢采样的采样长度有限，为了有效分辨波矢 k 空间的频谱冲激串，频谱分辨率就必须小于频谱冲激串的最小间隔。假设频谱冲激串的最小间隔为 Δx_{min}，则在波矢 k 空间对应的频谱分辨率应满足

$$\Delta x_{min} > f_s/M = 1/(\Delta K + \Delta k_{PIM}) \tag{4-15}$$

式中，M——波矢 k 空间的采样点数；

ΔK——波矢 k 空间的采样长度。

3. 波矢 k 空间多载波周期条件

由式（4-5）构造的矢量信号由传输线中多点 PIM 源在器件端口处叠加得到，将在波矢 k 空间形成一个"多载波"。因此，对周期性信号的傅里叶变换频谱而言，采样长度至少需要采样满足一个周期才能将周期性信号的信息有效反映在频谱上。以波矢 k 空间中的频率等间隔多载波为例，可将式（4-5）

改写为

$$F(k_{\mathrm{PIM}}) = \sum_{i=1}^{N} A_i \exp\left(\mathrm{j}\left(m(\varphi_1 + \Delta\varphi_1) + n(\varphi_2 + \Delta\varphi_2) + \right.\right.$$
$$\left.\left. 2k_{\mathrm{PIM}}(x_0 + (i-1)\Delta x) + \Delta\varphi_{\mathrm{MIM}} \right)\right) \qquad (4-16)$$

式中，x_0——第 1 个 PIM 点位置距离入射端口的距离；

　　　Δx——两个相邻 PIM 点的间隔。

由此，式（4-16）所描述的波矢 k 空间多载波的多载波周期为 $\pi/\Delta x$，若要求两个 PIM 源位置间隔的分辨率为 $\Delta x = a\lambda_{\mathrm{g}}$（$a$ 为波长的系数，λ_{g} 为某一待测部件某一特定工作频率下的波长），则其波矢 k 空间的采样长度至少满足

$$\Delta K \geqslant \pi/(a\lambda_{\mathrm{g}}) \qquad (4-17)$$

假设 λ_{g} 为 1 m，为了获得 $0.5\lambda_{\mathrm{g}}$ 或 $0.1\lambda_{\mathrm{g}}$ 的分辨率，则对于控制激励信号源的扫描频率至少需要 300 MHz 和 1.5 GHz。所以，波矢 k 空间傅里叶变换 PIM 定位算法对于相近的 PIM 源的分辨（或小尺度微波部件下的 PIM 源位置的定位）往往受到带宽的局限，因此算法的实现在一定程度上受限于 PIM 测量系统的带宽。

由此，通过创新性地借助一种等效的 k 空间多载波概念，波矢 k 空间傅里叶变换 PIM 定位算法就可以实现封闭的微波腔体内多个 PIM 源的同时定位，并且在一定程度上可以反映出待测微波部件内部电磁波的传播和反射情况。此外，通过在一定带宽内扫描 PIM 激励信号源来实现采样，并结合矢量信号构造，傅里叶变换后所得的频谱信息已具备去除相位模糊的能力。

4.4　无源互调定位的误差优化方法及模拟实验验证

4.4.1　波矢 k 空间逆问题优化无源互调定位算法

前文所述的波矢 k 空间傅里叶变换定位算法在进行多个 PIM 源定位时，受傅里叶变换精度制约，其需要的带宽往往比较宽，因而该算法在窄带系统中通常受到限制。另外，根据 PIM 的发生机理，在实际的待测微波部件中，其可能产生 PIM 的位置主要为螺栓、连接等不连续的结构位置，以及生锈的部位等。因此，对于待测微波部件而言，其所有可能发生 PIM 效应的位置可以通过预判来使其成为已知量。此时，对 PIM 的定位就转化为判断所有可能的 PIM 源中

实际发生 PIM 的位置。由于引入了先验知识，式（4－16）的非线性度被降低，因此在窄带带宽下实现 PIM 定位成为可行。进一步地，本章提出了波矢 k 空间逆问题优化定位算法，以实现窄带测量条件下的 PIM 源定位，具体包括以下步骤。

第 1 步，在同一参考信号源下，由两路相干信号源注入待测微波腔体，在已知的多个可能的 PIM 源（可以称之为 PIM 隐患点）处产生 PIM 信号。特定阶数的多个 PIM 信号经过反射，在入射端口处叠加，其叠加合成后可视为一个多载波信号，通过幅度相位比较器就可以获得叠加信号的幅度和相位。

第 2 步，改变其中一路相干射频信号的频率，获得多组叠加信号的幅度和相位，继而建立复数方程组：

$$\begin{cases} A_1 e^{j\Delta\Phi_{11}} + A_2 e^{j\Delta\Phi_{12}} + \cdots + A_n e^{j\Delta\Phi_{1n}} = A(1) e^{j\Delta\Phi(1)} \\ A_1 e^{j\Delta\Phi_{21}} + A_2 e^{j\Delta\Phi_{22}} + \cdots + A_n e^{j\Delta\Phi_{2n}} = A(2) e^{j\Delta\Phi(2)} \\ \cdots \\ A_1 e^{j\Delta\Phi_{m1}} + A_2 e^{j\Delta\Phi_{m2}} + \cdots + A_n e^{j\Delta\Phi_{mn}} = A(m) e^{j\Delta\Phi(m)} \end{cases} \qquad (4-18)$$

式中，A_n——第 n 个 PIM 隐患点处产生 PIM 信号的幅度；

$\Delta\Phi_{mn}$——第 m 次测量时，第 n 个 PIM 隐患点处产生 PIM 信号的相位；

$A(m)$ ——第 m 次测量时，接收机测得的合成信号幅度；

$\Delta\Phi(m)$ ——第 m 次测量时，接收机测得的合成信号相位。

其中，$\Delta\Phi_{mn}$ 可以表示为

$$\Delta\Phi_{mn} = 2x_n k_{\text{PIM}m} + \Delta\varphi_{\text{MIM}n} \qquad (4-19)$$

式中，x_n——第 n 个 PIM 隐患点距端口的位置；

$k_{\text{PIM}m}$——第 m 次测量时的波矢常数；

$\Delta\varphi_{\text{MIM}n}$——第 n 个 PIM 隐患点产生 PIM 信号的初始相位。

第 3 步，构造优化目标函数：

$$F_{\text{opt}} = \min \sum_{i=1}^{M} \left\| \sum_{j=1}^{N} A_j e^{j\Delta\Phi_i} - A(i) e^{j\Delta\Phi(i)} \right\| \qquad (4-20)$$

式中，$A_1, A_2, \cdots, A_n$ 和 $\Delta\varphi_{\text{MIM}1}, \Delta\varphi_{\text{MIM}2}, \cdots, \Delta\varphi_{\text{MIM}n}$ 为优化参数变量。设置优化参数变量初值，采用最速下降法来寻找最优解参数。

在定位 PIM 隐患点后，应设置幅度阈值条件，以判断相应的 PIM 隐患点是否真正产生 PIM。当幅度优化参数低于阈值时，则认为对应位置未产生 PIM；当幅度优化参数高于阈值时，可认为对应位置真正产生了 PIM。

在第 1 步中，特定阶数的多个 PIM 信号包括 3 阶、5 阶、7 阶或者更高阶次的 PIM 信号。

在第 2 步中，等间隔改变两路可控相干射频信号中任意一路的频率值，测

量样本数应大于等于所有 PIM 隐患点数的两倍。而且，所有 PIM 隐患点的位置是已知的。

在第 3 步中，样本数据幅度为归一化数据，以保证数据优化搜索区域统一。

波矢 k 空间逆问题优化定位算法的流程框图如图 4 - 8 所示。值得注意的是，本算法通过获得先验知识（即预判所有可能的 PIM 隐患点位置信息），降低了优化目标函数的非线性度，然后采用局部优化算法得到其极值点。而对于复杂微波部件结构，可能无法确定所有的 PIM 隐患点位置，或者优化参数变量过多，此时局部优化可能无法实现，只能在寻求拓展测量带宽的同时，采用其他更加有效的误差优化方法。

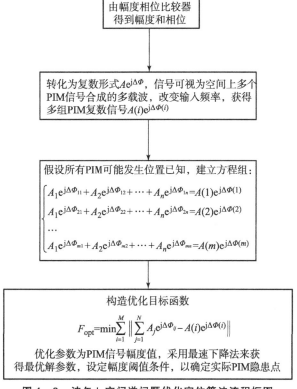

图 4 - 8　波矢 k 空间逆问题优化定位算法流程框图

4.4.2　基于矩阵束方法的无源互调定位算法

在基于波矢 k 空间傅里叶变换定位算法中，对于相近的 PIM 源的分辨率或小尺度微波部件下的 PIM 源位置定位会受到带宽的限制，因此在窄带条件下，往往无法实现 PIM 源的定位。在波矢 k 空间逆问题优化定位算法中，在已知所有 PIM 隐患点位置的先验条件下，通过构造目标函数以最速下降法来获得最优解参数，通过幅度阈值条件来判断各 PIM 隐患点是否真正产生 PIM。但是，该算法需要已知所有可能的 PIM 隐患点的数量及位置信息，对于一些复杂的微波部件（或系统），该算法的应用也受限。针对这个问题，本节介绍一种基于矩阵束方法的 PIM 定位算法，实现在不需要先验条件（PIM 隐患点数量及位置）支撑下，准确判断 PIM 发生点的位置信息和幅度，有效地解决多个 PIM 源的定位问题，且对噪声具有一定的鲁棒性。其具体步骤如下。

第 1 步，在同一参考信号源下，将两路相干信号注入待测微波腔体，在多个 PIM 源处分别产生 PIM 信号。特定阶数的多个 PIM 信号经过反射，在入射端口叠加，其叠加合成后可视为一个多载波信号，通过幅度相位比较器可以获得叠加信号的幅度 A 和相位 φ，记为 $A\mathrm{e}^{\mathrm{j}\varphi}$。

对其中一路相干信号的频率进行等间距扫频，其中总扫频点数为 m，对于第 i 次扫频，获得一系列幅度 $A(i)$ 和相位 φ_i，记为

$$y(k + i\Delta k) = A(i)\,\mathrm{e}^{\mathrm{j}\varphi_i} \tag{4-21}$$

式中，k——最低频率所对应的波矢量；

Δk——扫频间隔带宽所对应的波矢量。

第 2 步，经过等间隔扫频后，得到一系列单频复数信号，形式如下：

$$y(i) = y(k + i\Delta k) = A(i)\,\mathrm{e}^{\mathrm{j}\varphi_i} = x(i) + n(i) = \sum_{n=1}^{M} A_n z_n^i + n(i) \tag{4-22}$$

式中，$y(i),y(k+i\Delta k)$——加噪信号；

$x(i)$——不带噪声的信号；

$n(i)$——噪声信号；

M——PIM 源数量；

A_n——复幅度；

z_n——极点。

由上述加噪信号构造 Hankel 矩阵 $\boldsymbol{Y}$：

$$\boldsymbol{Y} = \begin{bmatrix} y(0) & y(1) & \cdots & y(l) \\ y(1) & y(2) & \cdots & y(l+1) \\ \vdots & \vdots & & \vdots \\ y(m-l-1) & y(m-l) & \cdots & y(m-1) \end{bmatrix}_{(m-l)\times(l+1)} \tag{4-23}$$

式中，l——矩阵束参数，范围为 $[m/3, m/2]$。

对 Hankel 矩阵 $\boldsymbol{Y}$ 采用以下公式进行奇异值分解（SVD），获得 Hankel 矩阵 $\boldsymbol{Y}$ 的奇异值矩阵 $\boldsymbol{\Sigma}$，即

$$\boldsymbol{Y} = \boldsymbol{U}\boldsymbol{\Sigma}\boldsymbol{V}^{\mathrm{H}} \tag{4-24}$$

式中，U,V——YY^H 的特征值和 Y^HY 的特征值，$V' = \begin{bmatrix} v_1 & v_2 & \cdots & v_M & \cdots & v_l \end{bmatrix}$，表示 V 的矩阵转置。

将 Σ 与 PIM 发生阈值进行比较，获得待测器件内实际产生 PIM 的 PIM 源数，矩阵内高于 PIM 发生阈值的奇异值则认为实际产生了 PIM，否则认为不产生 PIM，由此获得 PIM 源的数量 M。其中，PIM 发生阈值为相对于奇异值矩阵 Σ 内最大值的比值。

通过矩阵束方法来求解矩阵束 $\{V_2'^H - \lambda V_1'^H\}$ 的广义特征值，从而可求得极点 z_n，其中 $V_1' = \begin{bmatrix} v_1 & v_2 \cdots & v_{M-1} \end{bmatrix}$，$V_2' = \begin{bmatrix} v_2 & v_3 \cdots & v_M \end{bmatrix}$，$V_1'$ 和 V_2' 分别为 V' 的第 $1 \sim M-1$ 列矩阵和第 $2 \sim M$ 列的矩阵。

根据极点 z_n，利用以下公式来获得发生 PIM 的位置 x_n：

$$z_n = \exp\ (\mathrm{j}2x_n\Delta k) \tag{4-25}$$

采用最小二乘法获得 PIM 发生点的幅度，有

$$\begin{bmatrix} y(0) \\ y(1) \\ \vdots \\ y(m-1) \end{bmatrix} = \begin{bmatrix} 1 & 1 & \cdots & 1 \\ z_1 & z_2 & \cdots & z_M \\ \vdots & \vdots & & \vdots \\ z_1^{(m-1)} & z_2^{(m-1)} & \cdots & z_M^{(m-1)} \end{bmatrix} \begin{bmatrix} A_1 \\ A_2 \\ \vdots \\ A_M \end{bmatrix} \tag{4-26}$$

式中，$A_1,A_2,\cdots,A_M$——产生 PIM 的 PIM 源 $x_1,x_2,\cdots,x_M$ 处的复幅度大小。

基于矩阵束方法的定位算法不需要可能的 PIM 隐患点数量及位置信息，即可获得所有可能产生 PIM 的源点位置及其相对幅度，并准确判断 PIM 发生点的位置信息，从而有效地解决多个 PIM 源的定位问题。

基于矩阵束方法的定位算法流程框图如图 4-9 所示。

4.4.3　无源互调定位的仿真及模拟实验验证

4.4.3.1　PIM 定位仿真验证

1. 逆空间傅里叶变换定位算法验证

本小节采用二极管产生的二次谐波模拟产生 PIM 的非线性源，对所提出的 PIM 定位方法进行实验验证。二次谐波可以看作两路激励载波信号频率相同时的情况，这样可以简化实验步骤，同时不失一般性。为了模拟多个 PIM 源产生 PIM 的过程，沿微带线不同位置并联多个二极管 HSMS2802，利用微带线耦合能量进入二极管产生二次谐波，经过反射重新注入微带线主线路中，然后在端口处叠加，如图 4-10 所示。

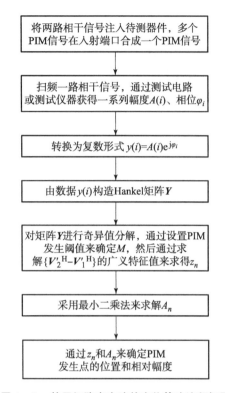

图 4 - 9　基于矩阵束方法的定位算法流程框图

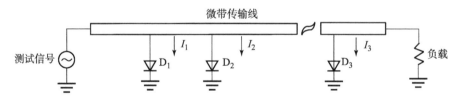

图 4 - 10　HSMS2802 二极管耦合结构示意

　　首先，使用电路仿真软件进行仿真验证。根据图 4 - 10 所示的二极管耦合结构，在激励信号源入射端口获得二次谐波的幅度和相位叠加值，其中，3 个二极管分别放置于距离 50 Ω 传输线端口 1.8 m、2.4 m 和 3 m 位置处。扫描激励源频率为 1.125 ~ 1.275 GHz，从而获得 300 MHz 的二次谐波带宽。根据波矢 k 空间矢量信号的构造方法，可以获得如图 4 - 11 （a）所示的多载波信号。可以明显看出，图中的信号是一个周期性多载波信号。

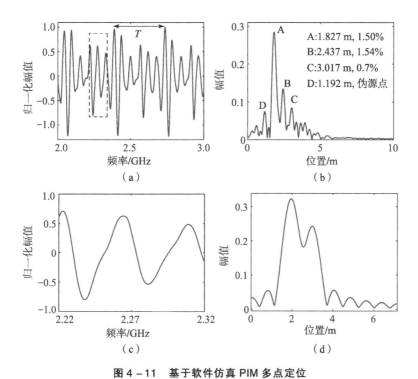

图 4 - 11　基于软件仿真 PIM 多点定位

（a）波矢 k 空间多载波信号；（b）波矢 k 空间频谱；（c）100 MHz 带宽内多载波信号；

（d）对（c）进行逆空间傅里叶变换得到的结果

　　在获得图 4 - 11（a）所示的波矢 k 空间多载波信号后，根据上节中波矢 k 空间傅里叶变换 PIM 定位原理，通过波矢 k 空间的傅里叶变换，即可获得多载波信号的波矢 k 空间信号频谱，如图 4 - 11（b）所示。可以看出，频谱中的 A、B、C 三个频谱极值的横坐标接近二极管的位置，它们分别为 1.827 m、2.437 m 和 3.017 m，定位算法所计算出的二极管位置与实际距离最大误差仅为 1.54%。

　　值得注意的是，在图 4 - 11（b）中，出现了一个伪源点 D，其距离为 1.192 m，这是微带线并接二极管结构后导致传输线阻抗不匹配，产生反射，进而导致算法获得的伪源点信息。为了产生较强的非线性谐波，二极管需要较大的激励信号能量，从而导致激励信号因阻抗失配而产生反射。在后一级二极管的位置，激励信号被反射后再次注入前一级二极管，与源信号再次混合而产生相位差不同的二次谐波信号。经过简单的计算便可知，伪源点 D 是由于激励信号在后一级被反射后与前一级二极管产生的二次谐波再次混频的结果。但是在实际的 PIM 测量系统中，由于 PIM 信号一般与激励载波信号的相差几乎在 100 dB 以上，因此 PIM 源的存在不会导致传输线路的阻抗失配，因而不会存在反射所导致的伪 PIM 源。

2. 逆问题优化定位算法验证

为了验证 4.3.1 节中的逆问题优化定位算法，在此模拟窄带情况截取整个 k 空间多载波信号的一部分，如图 4 – 11（a）中的虚线方框所示。图 4 – 11（c）为放大后的信号，其中包含了 100 MHz 带宽内的二次谐波信号信息。对其直接进行 k 空间傅里叶变换，得到图 4 – 11（d）所示的结果。显然，由于带宽不足，k 空间信号频谱信息量不足，造成实际源点的重叠，最终无法分辨 PIM 源的位置。

根据 4.4.1 节所述的 k 空间逆问题优化定位算法，基于先验知识，设定所有可能的 PIM 隐患点位置距离 50 Ω 传输线输入端口处 1.2 m、1.8 m、2.4 m、3.0 m 和 3.5 m，其中 1.2 m 和 3.5 m 位置为人为设置的冗余点，用于检验本算法的鲁棒性。首先，将 k 空间频谱的高频杂波滤除；然后，根据所建立的最小二乘误差的目标函数，采用最速下降法进行 10 维变量的蒙特卡罗优化。优化结果如表 4 – 1 所示，在误差范围内，冗余点 3.5 m 处的幅度优化结果为 0，1.2 m 处的幅度优化结果接近 0，验证了在先验条件支撑下，使用逆问题优化定位算法可以有效地解决窄带条件下多个 PIM 源的定位。

表 4 – 1　100 MHz 优化结果

幅度值	优化结果变量值	PIM 初始相位	优化结果变量值
A_1（1.2 m 处）	0.077	$\Delta\varphi_{MIM1}$	1.833
A_2（1.8 m 处）	0.644	$\Delta\varphi_{MIM2}$	1.043
A_3（2.4 m 处）	0.341	$\Delta\varphi_{MIM3}$	1.130
A_4（3.0 m 处）	0.210	$\Delta\varphi_{MIM4}$	0
A_5（3.5 m 处）	0	$\Delta\varphi_{MIM5}$	0.007

使用优化结果重构 k 空间合成信号，得到图 4 – 12 所示的逆问题优化波形与实际信号波形对比。从图中可以看出，在误差范围内，优化波形与实际信号的波形匹配良好。

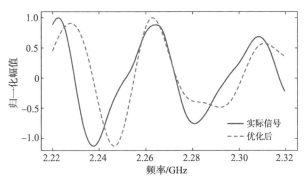

图 4 - 12　逆问题优化波形与实际信号波形对比

4.4.3.2　二极管模拟无源互调源的定位实验验证

1. 二极管二次谐波模拟 PIM 源实验验证

1）二次谐波 PIM 验证平台搭建与校准

PIM 定位模拟验证（二次谐波）平台根据 4.3.2 节所述的 PIM 定位测量架构，结合二极管二次谐波信号进行搭建，其原理框图如图 4 - 13（a）所示。其中，以 SMA 接口的多段 50 Ω 同轴电缆作为传输线，3 个 HSMS - 2802 二极管分别焊接在 50 Ω 微带线上作为模拟 PIM 源。基于 ADF4351 的两个相位同步 PLL 源分别作为激励信号源和"虚拟" PIM 参考源。基于 AD8302 的幅度相位比较器用于探测实际 PIM 信号与"虚拟" PIM 参考信号之间的相位和幅度。最后，使用 NI 公司的 USB - 6251 作为数据采集器，实现相位和幅度测量值的连续采集和数字化存储。

图 4 - 13（b）所示为实际的模拟验证实物平台，实验中使用两路激励信号源。激励源信号强度为 5 dBm，经过滤波后，激励源信号通过双工器注入 50 Ω 同轴电缆和二极管电路。图 4 - 13（b）中的左下角为二极管电路放大图，其长度为 3 cm。由二极管产生的谐波信号与激励源信号一起经过双工器输出，再经过滤波器滤除激励信号，得到较为纯净的二次谐波信号，输入幅度相位比较器。幅度相位比较器 AD8302 的另一端接经过滤波器和衰减器衰减后的"虚拟" PIM 参考信号。采用软件控制自动扫描频率，使激励源信号的频率按步进为 0.2 MHz，从 1.125 GHz 扫描至 1.275 GHz，相应的"虚拟" PIM 参考信号频率按步进 0.4 MHz 从 2.25 GHz 扫描至 2.55 GHz。

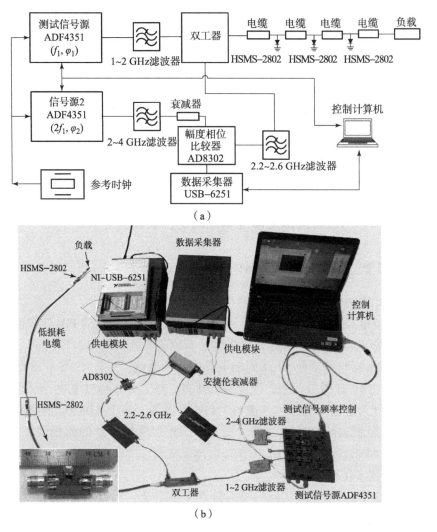

图 4-13 PIM 定位模拟验证（二次谐波）平台

（a）原理框图；（b）实物平台

在进行实际的定位测量之前，需要对整个系统进行相位校准，即去除由PIM源之外的器件所造成的相位偏移。其具体操作：使用一根 1 m 长的同轴电缆连接一个二极管电路（在本实例中，入射端口与二极管的实际距离为1.015 m），采用软件来控制自动扫频，使得激励信号源频率按步进 0.2 MHz从 1.125 GHz 扫描至 1.275 GHz，通过幅度相位比较器 AD8302 测量得到二次谐波与"虚拟"PIM 参考源的幅度和相位差。显然，用于校准的传输线和二极管电路的相移可以通过测量得到，因此由滤波器、耦合器、衰减器等系统器件造成的相移便可以得到校准。

2）单点 PIM 源定位验证

首先，验证单个 PIM 源的定位。在经过系统校准之后，使用不同长度的同轴电缆模拟不同位置的 PIM 源。如图 4 – 14（a）（c）所示，分别为 1.8 m 和 3 m 同轴电缆下构造的模拟 PIM 信号的矢量信号形式；使用 k 空间傅里叶变换得到图 4 – 14（b）（d）的频谱，可以看出，频谱中的 A、B 两个频谱极值的横坐标近似二极管的位置，它们分别为 1.859 m 和 2.941 m，算法计算的二极管位置与实际距离最大误差仅为 2.2%。值得注意的是，在进行单个 PIM 源定位时，使用 k 空间傅里叶变换算法不受带宽限制，且操作简单。

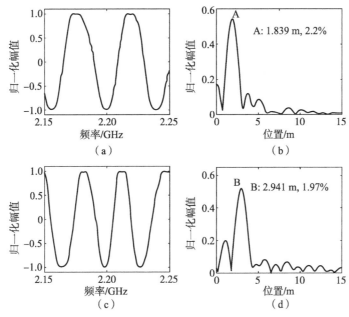

图 4 – 14　k 空间傅里叶变换单 PIM 源定位过程

（a）1.8 m 位置下的 k 空间信号；（b）1.8 m 位置下的 k 空间频谱；

（c）3 m 位置下的 k 空间信号；（d）3 m 位置下的 k 空间频谱

3）多点 PIM 源定位验证

多点 PIM 源定位验证与单点 PIM 源定位验证的仿真结构类似，其采用长度为 1.8 m、0.6 m、0.6 m 的 3 段同轴电缆线连接 3 个二极管电路，与之相应，3 个二极管的位置距离入射端口分别为 1.815 m、2.43 m 和 3.06 m（考虑了实际二极管焊接安装的距离误差）。激励源频率按步进 10 MHz 从 1.125 GHz 扫描到 1.275 GHz，获得 300 MHz 的二次谐波带宽。类似地，采用 k 空间傅里叶变换定位算法获得了 k 空间多载波矢量信号形式和傅里叶变换后的 k 空间频谱，如

图4-15（a）（b）所示。可以看到，二极管位置被精确定位，分别为1.835 m、2.474 m、3.010 m，误差为1.1% ~ 1.7%。与此同时，由于二极管能量吸收，阻抗失配而产生的伪源点也同时被定位出来，其距离为1.216 m，与仿真结果相对应。值得注意的是，由于二极管电路尺寸非常小，因此假设二极管电路中微带线的波矢和同轴电缆的波矢相接近，从而近似为均匀传输线，这样近似是为了便于计算长度。当微带线长度与同轴电缆线相当时，就需要同时考虑微带线波矢和同轴电缆线的波矢特性，从而需要采用非均匀腔体内的相位来测量计算相位和距离的对应关系。

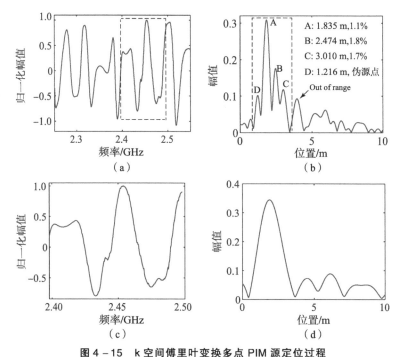

图4-15 k 空间傅里叶变换多点 PIM 源定位过程

（a）k 空间全带宽内的多载波信号；（b）k 空间频谱；

（c）k 空间 100 MHz 内多载波信号；（d）对（c）做 k 空间傅里叶变换后的频谱

类似地，可以把二次谐波的采样带宽缩小为 100 MHz，使用 k 空间傅里叶变换定位算法得到的 k 空间频谱，但频谱分辨率有限，造成源点位置重叠，从而无法实现定位。

根据 k 空间逆问题优化定位方法，首先获取先验知识，预设所有可能的源点位置距离 50 Ω 传输线输入端口为 1.2 m、1.815 m、2.43 m、3.06 m 和 3.5 m，其中 3.5 m 处为冗余点，用于检验算法的鲁棒性。经过滤波后，采用最速下降法进行 10 维变量的蒙特卡罗优化。100 MHz 带宽优化结果如表 4-2

所示，在误差范围内，冗余点 3.5 m 处的幅度优化结果与其他点相差一个数量级。使用优化结果重构 k 空间多载波信号得到如图 4 - 16 所示的波形对比，在误差范围内，优化波形与实际信号的波形匹配良好。

表 4 - 2　100 MHz 带宽优化结果

幅度值	优化结果变量值	PIM 初始相位	优化结果变量值
A_1（1.2 m 处）	0.346	$\Delta\varphi_{\text{MIM1}}$	6.283
A_2（1.815 m 处）	0.728	$\Delta\varphi_{\text{MIM2}}$	3.008
A_3（2.43 m 处）	0.267	$\Delta\varphi_{\text{MIM3}}$	6.283
A_4（3.06 m 处）	0.292	$\Delta\varphi_{\text{MIM4}}$	4.866
A_5（3.5 m 处）	0.098	$\Delta\varphi_{\text{MIM5}}$	6.283

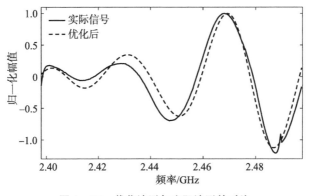

图 4 - 16　优化波形与实际波形的对比

2. 二极管 3 阶交调模拟 PIM 源定位实验验证

1）二极管 3 阶交调模拟 PIM 定位验证系统搭建与校准

图 4 - 17（a）所示为基于二极管 3 阶交调模拟的 PIM 定位验证原理框图。其中，SMA 接口的多段 50 Ω 同轴电缆作为传输线，3 个 HSMS - 2802 二极管分别焊接在 50 Ω 微带线上作为模拟 PIM 源。基于 ADF4351 的 3 个相位同步 PLL 源分别作为双音激励信号源和"虚拟" PIM 参考源。采用宽带示波器（R&T RTE 1104 5 GHz）替代 AD8302 采集实际 PIM 信号与"虚拟" PIM 参考信号的相位和幅度。最后，使用计算机对采集的数据进行处理，得到所需的幅度及相位信息。

图 4 - 17（b）所示为实际的模拟验证实物平台，实验中使用 3 路相干的

激励信号源。电路中 3 根同轴线的长度分别为 0.6 m、1.0 m 和 3.0 m，因此所模拟的 PIM 源位置为 0.615 m、1.665 m、4.825 m（考虑了实际二极管焊接安装的距离误差）。两路相干信号源中的一路固定频率为 950 MHz，另一路的频率按照步进 1 MHz 从 899.5 MHz 扫描至 1 000.5 MHz。相应的"虚拟" PIM 参考信号的频率按照步进 1 MHz 从 1 000.5 MHz 扫描至 899.5 MHz。

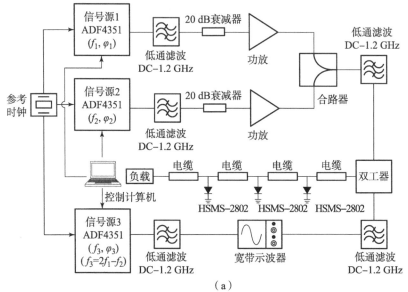

（a）

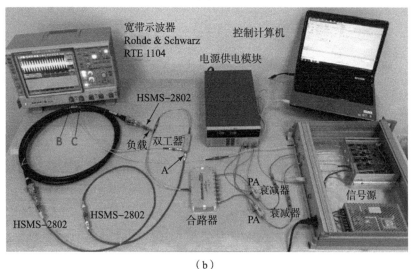

（b）

图 4-17　PIM 定位模拟验证（3 阶交调）平台

（a）原理框图；（b）实物平台

2）k 空间逆问题优化多点 PIM 源定位验证

根据 k 空间逆问题优化定位算法，预设所有可能的 PIM 源位置分别距离 50 Ω 传输线输入端口为 0.615 m、1.3 m、1.665 m、3.5 m 和 4.825 m，此即获得了先验条件。对数据进行优化后得到的结果如表 4 – 3 所示。在误差范围内，使用优化结果重构 k 空间多载波信号得到图 4 – 18 所示的波形对比，从中可以看出，在误差范围内，优化波形与实际信号的波形匹配良好。

表 4 – 3 100 MHz 带宽优化结果

幅度值	优化结果变量值	PIM 初始相位	优化结果变量值
A_1（0.615 m 处）	0.438	$\Delta\varphi_{MIM1}$	6.283
A_2（1.3 m 处）	0.082	$\Delta\varphi_{MIM2}$	3.008
A_3（1.665 m 处）	0.379	$\Delta\varphi_{MIM3}$	6.283
A_4（3.5 m 处）	0.047	$\Delta\varphi_{MIM4}$	4.866
A_5（4.825 m 处）	0.274	$\Delta\varphi_{MIM5}$	6.283

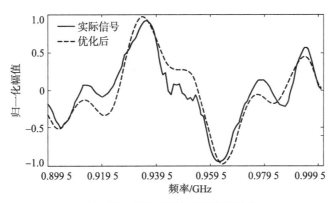

图 4 – 18 优化波形与实际波形对比

3）矩阵束方法 PIM 多点定位

为了应用矩阵束方法实现 PIM 定位，就需要对计算得到的数据进行校准，所以定位的距离为

$$x_i = \arg(z_i - z_{cal}) / (2\Delta k)$$

式中，z_i——第 i 个 PIM 源的理论极点；

z_{cal}——对理论极点的校准；

$\arg z_{cal} = 0.05$ rad，$\Delta k = 0.027$ rad/m。

在未设定任何先验条件情况下，使用矩阵束方法对采样得到的数据进行处理和优化，得到的结果如表 4 – 4 所示。从表中可以看出，当 $N=3$ 时，获得了 3 个 PIM 源的准确定位，定位误差最大为 6.7%，矩阵束方法可以有效实现多 PIM 源的准确定位。

表 4 – 4　100 MHz 带宽矩阵束优化结果

N	i	$\arg z_i$/rad	x_i/m	定位误差/%
1	1	0.102	0.963	—
2	1	0.103	0.981	—
	2	0.312	4.852	—
3	1	0.081	0.574	6.7
	2	0.143	1.722	3.4
	3	0.313	4.870	0.9
4	1	0.081	0.574	6.7
	2	0.144	1.741	4.6
	3	0.313	4.870	0.9
	4	0.453	7.463	—

参 考 文 献

[1] ZHANG M, ZHENG C, WANG X, et al. Localization of Passive Intermodulation Based on the Concept of k – space Multicarrier Signal [J]. IEEE Transactions on Microwave Theory and Techniques, 2017, 65 (12): 4997 – 5008.

[2] 叶鸣, 贺永宁, 王新波, 等. 金属波导连接的无源互调的非线性物理机制和计算方法 [J]. 西安交通大学学报. 2011, 45 (2): 82 – 86.

[3] 李军, 赵小龙, 高凡, 等. 利用电热耦合效应的金属单点接触结构无源互调研究 [J]. 西安交通大学学报, 2018, 52 (009): 76 – 81, 117.

[4] 何鋆, 李军, 崔万照, 等. 分布式无源互调研究综述 [J]. 空间电子技术, 2016, 13 (4): 1 – 6.

[5] 高凡, 赵小龙, 叶鸣, 等. 一种基于偶极子近场耦合法测量无源互调的方法 [J]. 空间电子技术, 2018, 15 (3): 15 – 21.

[6] BENNETT J C, ANDERSON A P, MCINNES P A, et al. Microwave Holographic Metrology of Large Reflector Antennas [J]. IEEE Transactions on Antennas and Propagation, 1976, 24 (3): 295 – 303.

［7］ HIENONEN S，RAISANEN A V. Passive Intermodulation Near – field Measure-
ments on Microstrip lines ［C］// The 34th European Microwave Conference，
2004，1041 – 1044.

［8］ MANTOVANI J C，DENNY H W，WARREN W B. Apparatus for Locating
Passive Intermodulation Interference Sources ［P］. United States，
1987 – 3 – 3.

［9］ KIM J T，CHO I K，JEONG M Y，et al. Effects of External PIM Sources on
Antenna PIM Measurements ［J］. ETRI Journal，2002，24（6）：435 – 442.

［10］ ASPDEN P L，ANDERSON A P，Bennett J C. Microwave Holographic Imaging
of Intermodulation Product Sources Applied to Reflector Antennas ［C］// In-
ternational Conference on Antennas and Propagation，1989，463 – 467.

［11］ YANG S，WU W，XU S，et al. A Passive Intermodulation Source Identifica-
tion Measurement System Using a Vibration Modulation Method ［J］. IEEE
Transactions on Electromagnetic Compatibility，2017，59（6）：1677 –
1684.

［12］ CHEN Z，ZHANG Y，DONG S，et al. Wideband Architecture for Passive
Intermodulation Localization ［C］// IEEE MTT – S International Wireless Sym-
posium（IWS），Chengdu，China，2018：1 – 6.

［13］ ASPDEN P L，ANDERSON A P. Identification of Passive Intermodulation Prod-
uct Generation on Microwave Reflecting Surfaces ［J］. IEEE Proceedings H Mi-
crowaves，Antennas and Propagation，2002，139（4）：337 – 342.

［14］ DAHELE J S，CULLEN A L. Electric Probe Measurements on Microstrip ［J］.
IEEE Transactions on Microwave Theory and Techniques，1980，28（7）：752 –
755.

［15］ SHITVOV A P，ZELENCHUK D E，SCHUCHINSKY A G，et al. Passive
Intermodulation Generation on Printed Lines：Near – field Probing and Obser-
vations ［J］. IEEE Trans. Microw. Theory Techn. ，2008，56（12）：
3121 – 3128.

［16］ HIENONEN S，GOLIKOV V，VAINIKAINEN P，et al. Near – field Scanner
for the Detection of Passive Intermodulation Sources in Base Station Antennas
［J］. IEEE Trans. Electromagn. Compat. ，2004，46（4）：661 – 667.

［17］ HIENMNENS，GOLIKOV V，MOTTONEN V S，et al. Near – Field Ampli-
tude Measurement of Passive Intermodulation in Antennas ［C］// Proc. 31st
Eur. Microw. Conf. ，London，2001，1 – 4.

[18] HIENONEN S, VAINIKAINEN P, RAISANEN A V. Sensitivity Measurements of a Passive Intermodulation Near – field Scanner [J]. IEEE Antennas Propag. Mag. , 2003, 45 (4): 124 – 129.

[19] WALKERA, STEER M, GARD K. Simple Broadband Relative Phase Measurement of Intermodulation Products [C] //65th ARFTG Conf. Dig. , 2005, 123 – 127.

[20] WALKER A, STEER M, GARD K. A Vector Intermodulation Analyzer Applied to Behavioral Modeling of Nonlinear Amplifiers with Memory [J]. IEEE Trans. Microw. Theory Techn. , 2006, 54 (5): 1991 – 1999.

[21] SARKAR T K, PEREIRA O. Using the Matrix Pencil Method to Estimate the Parameters of a Sum of Complex Exponentials [J]. IEEE Antennas Propag. Mag. , 1995, 37 (1): 48 – 55.

[22] KOZLOV K N, SAMSONOV A M. Optimal Steepest Descent Algorithm for Experimental Data Fitting in Nonlinear Problems [J]. Proc. Int. Seminar Day Diffraction, 2003: 110 – 121.

第 5 章

微波部件无源互调检测技术

|5.1　概述|

无源互调（PIM）的机理研究、分析预测结果的准确性验证以及抑制技术的有效性验证均离不开精确检测技术，因此高性能的检测技术是精确衡量微波部件 PIM 性能的关键措施。对于航天器中应用的微波部件，由于其工作环境的特殊性，因此对 PIM 检测的要求更高。由于 PIM 物理复杂多样，相对于时间、功率电平、温度、应力、老化等组合因素具有不可预知性，此外，星载环境中温差变化导致材料的温度及应力性质变化大且频繁。针对星载应用，PIM 的精确检测主要有以下几个关键性问题：

（1）大功率发射载波和小功率 PIM 信号。在卫星大功率系统中，载波功率相对较大，而 PIM 信号又极其微弱，动态范围通常要达到 200 dBc 左右，一般采用收发双工器和接收滤波器实现，对于低阶 PIM（尤其是 3 阶），PIM 频点离发射载波较近，对收发隔离和带外抑制都不易实现。

（2）测试系统的超低残余 PIM 要求。为了实现高灵敏度检测，测试系统自身的残余 PIM 电平需要维持在很低的量级。

（3）检测准确性和实时性。PIM 信号经常呈现随机跳变特性，采用传统频谱仪为检测设备时，为了测量微弱的 PIM 信号（-150 dBm），频谱仪的底噪要尽可能降低，从而造成扫描速度变慢，有可能导致漏检，因此无法满足检测的实时性要求。

除了以上问题，还包括大功率检测、多物理环境参量同步检测、多载波检测等方面的问题。常规检测方法难以满足这些高性能检测需求。

综上所述，为实现航天器大功率微波部件的高性能 PIM 检测，需要同时满足高灵敏度、宽频段覆盖、温变测试、大功率测试等基本要求，且为了满足更深层次的需求，还需要考虑多物理参量同步检测、多载波检测等问题。同时，针对航天器微波部件的特殊性，对于检测的实时性也提出了很高的要求。为满足这些需求，就需要开展检测方法的全局顶层设计，且很多实际检测需求存在相互矛盾。因此，如何提出创新的方法来化解技术矛盾，以实现多功能、多需求综合是实现高性能检测的难点之一。另外，测试系统自身的低 PIM 性能是保证其实现高灵敏度检测的关键，在满足多种需求的同时，如何实现系统自身的稳定低 PIM 性能也是一个重要难点，这对系统的关键核心部件的设计提出了极高的要求。而对于实时检测需求，常规的检测设备针对 PIM 小信号的检测速度较慢，无法满足检测的实时性，因此如何实现对微弱的 PIM 信号的快速实时检测也是关键难点，其中涉及高灵敏度信号检测及实时信号处理技术。

5.2 无源互调检测技术进展

PIM 的产生机理十分复杂，目前还没有完善的理论模型和有效的分析评估手段，在工程设计中主要依赖实验测试来对部件或者子系统的 PIM 水平进行衡量，因此高性能的 PIM 检测技术十分关键。国内外对于 PIM 的检测问题一直都非常重视，目前也有一系列测量仪器，基本上能满足民用通信系统中 PIM 检测的需求。PIM 的通用检测方法较成熟，国际电工委员会（IEC）提出了两种推荐测试方法用于测试 PIM 信号，即反射法和传输法。这两种测试方法的基本原理：首先，系统提供两路等电平的信号，然后将这两路信号合成一路，并将这一路信号反馈到被测部件，要求被测部件产生的 PIM 电平要高于测量系统自身 PIM 电平 10 dB 左右；然后，将 n 阶的 PIM 产物通过接收设备来检测。反射法和传输法测量 PIM 的基本框图如图 5 - 1 所示。相比之下，反射式测量实现简单；传输式测量更全面，可以测得微波部件的最差 PIM 状态。

随着需求的不断提高，对于 PIM 检测方法的主要要求集中于检测灵敏度和检测速度。其中，检测灵敏度主要取决于测试系统的自身 PIM 水平，检测速度主要取决于末端信号接收检测设备的测量速度。同时，为了研究 PIM 电平随时间以及环境条件的变化特性，因此加载不同环境条件下的长时间实时测量也是

PIM 检测的一个重要方面。

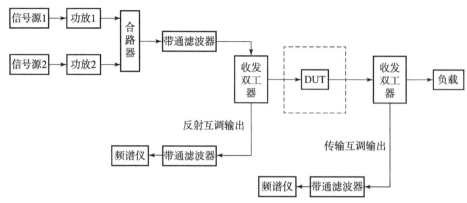

图 5 – 1　通用的 PIM 测试系统示意

　　除此之外，更宽的测试带宽、更大的测试功率范围、多路载波条件下的 PIM 测试以及调制信号 PIM 测试也是 PIM 测试系统需要发展的方向。

　　辐射式结构（如天线）的 PIM 测试与标准的 PIM 测试方法本质上是一样的，所不同的是由于其辐射特征，PIM 测量的具体实现形式与封闭腔体结构的 PIM 测量有所不同。首先，为了避免外部干扰的影响，开放结构的 PIM 测试需要在吸波暗室中进行，且为了保证测试精度和测试的一致性，需要确保测试暗室的 PIM 电平保持很低的水平（通常要低于检测灵敏度）。开放结构 PIM 测量也分为反射式和辐射式，反射式与标准的 PIM 测量方法类似，只是待测器件的放置环境有所不同。辐射式测量时，辐射场可以代替标准方法中的收发双工器，发射天线直接将信号辐射至开放空间，在特定位置安置接收天线来对所关注的 PIM 信号进行接收、检测。另外，辐射式测量时，发射信号既可以分别用多副天线辐射，也可以合成后通过一副天线辐射，应依据不同的需求来选择。

　　2010 年，北卡罗来纳州立大学的学者针对电热耦合 PIM 效应开展了系统研究，并针对电热耦合 PIM 测试提出了一种测试方案，如图 5 – 2 所示。电热耦合效应引发的 PIM 只有在载波频率间隔很窄（kHz 级别）的条件下才有效，而采用传统 PIM 测试系统测量时，在如此窄的频率间隔下，低阶 PIM 产物会离发射频率十分近，无法通过滤波分离出来。为此，提出了基于功率对消的方法来实现这种情况下的 PIM 检测，其核心思想就是通过幅度相位的变换来实现对载波的功率抵消，而保留 PIM 分量。但是，其检测灵敏度也取决于对消的程度。理论上，等幅反相即可实现完全对消。但是，在实际系统中受随机的、器件的因素影响，无法做到完全对消，其底噪水平在 – 120 dBm 量级，如图 5 – 3 所示，即灵敏度最高为 – 120 dBm。在该项研究中，针对电热效应做了很多实验，但是测试样件都是人为选择的电热特性较明显的器件。同时，电热效应在 PIM 的机理中并不算主导机理，且当功率较大或带宽较宽时，这种功率对消方法的局限性就十分明显。因此，除了其对消思想有一定的参考价值外，其中所设计的 PIM 测试系统不具代表性。

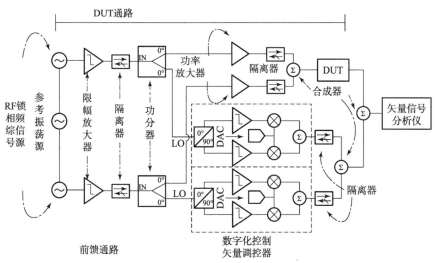

图 5 - 2　基于对消思想的 PIM 检测方法

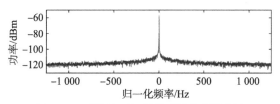

图 5 - 3　对消法 PIM 测试系统的底噪水平

在大功率微波技术领域，欧洲航天局（European Space Agency，ESA）、中国空间技术研究院西安分院的空间微波技术国家重点实验室等研究机构长期开展相关的研究和研制能力建设，针对不同应用需求建立了更多高性能的 PIM 测试系统。PIM 检测的主要发展趋势有以下几点：

（1）高灵敏度——可以检测到更加微弱的 PIM 信号。

（2）宽频率带宽——可以同时测量多阶 PIM 以及多种频率间隔下的 PIM。

（3）大功率检测——可以实现在较大范围内载波功率连续可调的 PIM 测量。

（4）实时长时间检测——可以实现对瞬态突变信号的抓取记录，且可以实现长时间大容量测试。

（5）多功能、多通道、多频段检测——可以实现多个频段、多路载波条件下以及调制载波下的 PIM 检测。

（6）高性能环境条件加载测量——可以实现更宽温度范围、力学等外部环境加载条件下的 PIM 检测，如针对大天线系统的高低温 PIM 检测。

（7）集成全自动化测量——可以实现 PIM 测试系统的集成智能化。

高灵敏度使得检测更为精确，其主要是对测试系统的核心部件指标以及系统的集成设计提出了更高的要求，要求核心部件（如收发双工器、滤波器、负载等）具有良好稳定的低 PIM 特性，系统中的接插件保持稳定低 PIM，从而确保系统自身的残余 PIM 保持在较低的水平。在灵敏度要求很高时，对测试系统中部件的 PIM 指标要求则十分苛刻，因此超低 PIM 的大功率微波无源部件实现成为关键。宽频率范围需要系统中的核心部组件（如收发双工器、功放等）能够实现宽频段覆盖，从而可以同时测量多阶 PIM 产物，以提高测试效率。实时检测能力需要更先进的测量方法和仪器的支持，传统的扫频式频谱仪在测量信号较小时，测量速度大幅下降。当前较为有效的一种方法是采用实时信号分析仪或矢量信号分析仪，在同等精度的条件下，检测速度大幅提高，基本可以实现实时测量。大功率范围有利于研究不同功率输入下器件的 PIM 特性。多频段的 PIM 测试主要依赖于功放等核心设备，其本质的测试方法并无特殊之处。综上可以看出，PIM 测试系统是一种综合性的测试应用系统，系统功能组成复杂，且研制建设成本较高。

5.3 宽带高灵敏度无源互调检测方法及其实现

目前已有的 PIM 测试系统大多是针对单一的 PIM 测试需求而设计的，如通常设计为两路 20 W 测试功率下的 3 阶 PIM 测试。如图 5 - 1 所示，当合路器采用合成双工器时，只能满足特定窄带宽内载波下的 PIM 测试，无法实现宽带扫频以及可变频率间隔的 PIM 测试。然而，如果为了单纯满足宽带合成需求而采用 3 dB 电桥合成，就会造成系统产生额外 3 dB 的功率损耗，使得到待测器件端的测试功率范围受限。

同时，为了实现更宽的接收频段覆盖，同时进行更多阶的 PIM 测试，则要求收发双工器具有较宽的接收带宽；为了保证系统具有足够高的灵敏度，则要求收发双工器具有较好的低 PIM 特性和较高的收发隔离度。以两路载波间隔 50 MHz、同时测量 3 ~ 15 阶 PIM 为例，则要求收发双工器的 Tx 带宽为 50 MHz、Rx 带宽为 300 MHz，Tx 通带和 Rx 通带相隔 50 MHz，通常至少需保证 100 dB 的隔离度。根据图 5 - 4 所示的仿真结果可以看出，同时实现宽接收带宽和高隔离度存在较大困难。若要同时实现，则 Tx 通道和 Rx 滤波器的设计会变得十分复杂，且需要同时满足低 PIM 特性，但这实现起来存在较高的风险，无法满足宽带范围内的覆盖，从而只能测试较少的几阶 PIM，难以对更多阶数的 PIM 信号同时进行测量。

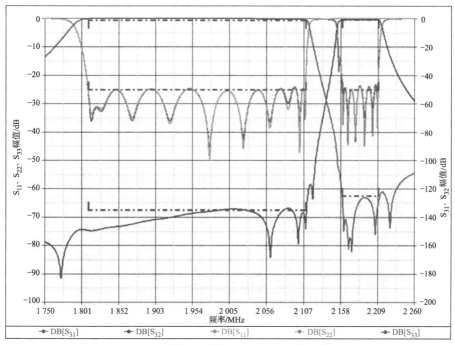

图 5 - 4　收发双工器仿真结果（书后附彩插）

以上问题的存在，导致难以形成全面、高效的 PIM 测试系统。如果进行多种情况下的 PIM 测试，则需要临时额外搭建测试系统并校准，使得测试变得复杂且效率低下。此外，低 PIM 的测试系统需要保持连接状态稳定，而频繁拆卸连接不利于系统的低 PIM 特性，会影响测试的灵敏度。

本节针对当前 PIM 检测技术中存在的问题，结合发展需求及在工作中取得的进展，给出两种高性能 PIM 检测方法的原理及实现过程。

5.3.1　宽带多测量模式高灵敏度无源互调测试系统的原理及实现

5.3.1.1　原理及系统组成

宽带多测量模式高灵敏度 PIM 测试系统是中国空间技术研究院西安分院搭建的综合性研究测试平台，其原理如图 5 - 5 所示。该测试系统主要包括信号

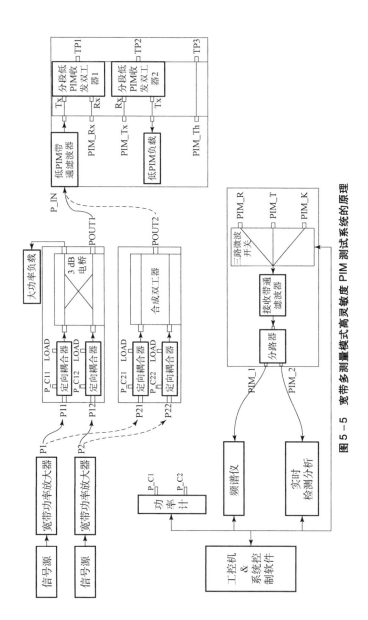

图 5－5 宽带多测量模式高灵敏度 PIM 测试系统的原理

源模块、宽带功率放大器模块、宽带载波合成模块、窄带载波合成模块、低PIM 核心测试模块、PIM 产物接收模块、功率计、频谱仪、实时检测分析模块、工控机及系统控制软件模块等。

信号源模块为两台标准信号源，用于输出测试信号。

宽带功率放大器模块为两台定宽带固态功率放大器，用于对测试信号分别进行放大，产生两路载波信号，宽带功率放大器模块的输出端口为 P1 和 P2。

宽带载波合成模块包括两路定向耦合器、3 dB 合成电桥以及大功率负载。定向耦合器用于监测两路载波功率，3 dB 合成电桥用于对两路载波进行宽带合成，大功率负载用于吸收合成损耗功率。宽带载波合成模块的输入端口为P11 和 P12，内部分别与两路定向耦合器的输入连接；输出端口为 POUT1，内部与 3 dB 合成电桥的功率合成输出连接；功率监测端口为 P_C11 和 P_C12，外部分别与功率计的输入端口 P_C1 和 P_C2 连接。

窄带载波合成模块包括两路定向耦合器和合成双工器。定向耦合器用于监测两路载波功率，合成双工器用于对两路载波进行窄带合成。窄带载波合成模块的输入端口为 P21 和 P22，内部分别与两路定向耦合器的输入连接；输出端口为 POUT2，内部与合成双工器的输出连接；功率监测端口为 P_C21 和P_C22，外部分别与功率计的输入端口 P_C1 和 P_C2 连接。

宽带载波合成模块和窄带载波合成模块不能同时工作。

低 PIM 核心测试模块包括低 PIM 带通滤波器、分段低 PIM 收发双工器 1、分段低 PIM 收发双工器 2、低 PIM 负载。低 PIM 带通滤波器对合成后的载波进一步过滤，抑制前端部件产生的 PIM 产物。分段低 PIM 收发双工器 1 用于分离待测器件产生的反射 PIM 产物，分段低 PIM 收发双工器 2 用于分离待测器件产生的传输 PIM 产物，低 PIM 负载用于吸收载波。低 PIM 核心测试模块有一个输入端口 P_IN，3 个测试端口 TP1、TP2 和 TP3，3 个输出端口 PIM_Rx、PIM_Tx 和 PIM_Th。在模块内部，P_IN 与低 PIM 带通滤波器的输入连接，TP1和 PIM_Rx 分别与分段低 PIM 收发双工器 1 的公共端和 Rx 端连接，TP2 和PIM_Tx 分别与分段低 PIM 收发双工器 2 的公共端和 Rx 端连接。TP3 和 PIM_Th为独立扩展端口，内部直通连接。在低 PIM 核心测试模块中，分段低 PIM 收发双工器 1 和分段低 PIM 收发双工器 2 的性能指标相同，但功能不同。当需要进行不同带宽 PIM 测试时，需要同时更换相应接收频段的分段低 PIM 收发双工器 1 和分段低 PIM 收发双工器 2。

PIM 产物接收模块包括三路微波开关、接收带通滤波器、分路器。三路微波开关完成对反射 PIM 信号、传输 PIM 信号、扩展端口 PIM 信号三路信号的切换；接收带通滤波器对 PIM 信号进一步过滤，抑制接收带外的载波以及其他干扰信号；分路器将 PIM 信号分为两路。PIM 产物接收模块有 3 个输入端口——PIM_R、PIM_T 和 PIM_K，内部分别与三路微波开关的 3 路输入相连接，外部分别与低 PIM 核心测试模块的 3 个输出端口 PIM_Rx、PIM_Tx 和 PIM_Th 连接。PIM 产物接收模块有两个输出端口 PIM_1 和 PIM_2，内部分别与分路器的两路输出连接，外部分别连接频谱仪和实时检测分析模块。

功率计对两路载波的正向功率进行实时监测。两个输入端口 P_C1、P_C2 外部分别与宽带载波合成模块或窄带载波合成模块的功率监测端口连接。

频谱仪为标准仪器，实时检测分析模块为专用定制开发仪器，详细介绍见 5.4 节。

工控机和系统控制软件模块通过 LAN 口通信，完成对各部分模块的访问控制，实现系统的开关运行、误差校准、数据采集、记录存储等功能。

5.3.1.2　功能特点

在本方案中，为了兼顾需求，提出了宽带载波合成与窄带载波合成切换的模式。

当需要在较宽频带内改变载波频率间隔或需要对载波进行扫频测试时，就选择宽带载波合成模块，将宽带功率放大器模块的输出端口 P1 和 P2 分别与宽带载波合成模块的输入端口 P11 和 P12 连接，宽带载波合成模块的输出端口 POUT1 与低 PIM 核心测试模块的输入端口 P_IN 连接。宽带载波合成模块中的定向耦合器的耦合端口 P_C11 和 P_C12 分别与功率计的输入端口 P_C1 和 P_C2 连接，用于监测和校准载波功率。这种模式可以在电桥很宽的带宽内进行任意频率间隔的载波功率合成。

在进行固定载波频点下的 PIM 测试时，可以选择窄带载波合成模块，将宽带功率放大器模块的输出端口 P1 和 P2 分别与窄带载波合成模块的输入端口 P21 和 P22 连接，窄带载波合成模块的输出端口 POUT2 与低 PIM 核心测试模块的输入端口 P_IN 连接。窄带载波合成模块中的定向耦合器的耦合端口 P_C21 和 P_C22 分别与功率计的输入端口 P_C1 和 P_C2 连接，用于监测和校准载波功率。这种模式能保证合成功率最大，避免额外的功率损失，有利于待测器件端口在较大功率范围内的 PIM 测试。

通过这种切换方式，不但可以实现常规固定载波频点下大功率范围的 PIM 测试，而且可以实现载波扫频及变频率间隔下的 PIM 测试。

此外，本方案通过分段低 PIM 收发双工器方式，可实现较宽的接收带宽，从而能同时测量更多的 PIM 产物。

在进行不同阶 PIM 产物的测试时，既可以选择相应接收带宽内的分段低

PIM 收发双工器 1 和分段低 PIM 收发双工器 2，也可以通过选择不同接收带宽的分段低 PIM 收发双工器来进行灵活配置，以实现接收带宽的扩展，从而覆盖更宽的接收带宽，测试更多阶次的 PIM 产物，如图 5 – 6 所示。

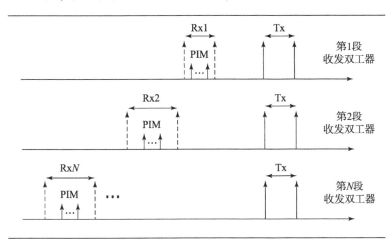

图 5 – 6　分段低 PIM 收发双工器扩展接收带宽示意

该测试系统方案可以同时满足单端口器件反射 PIM 测量、双端口器件反射及传输 PIM 测量、三端口器件扩展 PIM 测量，如图 5 – 7 所示。

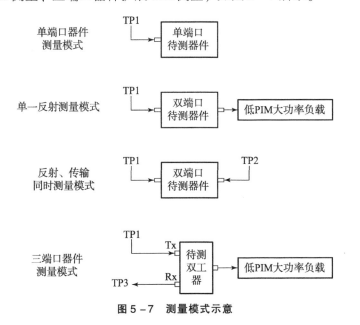

图 5 – 7　测量模式示意

（1）当待测器件为单端口器件（如负载）时，只进行反射 PIM 测量。将低 PIM 核心测试模块的测试端口 TP1 与待测器件连接。待测器件产生的反射

PIM 信号通过低 PIM 核心测试模块中的分段低 PIM 收发双工器 1 分离并输出至 PIM_Rx 端口，通过软件控制三路微波开关来实现对反射 PIM 信号的选通，通过频谱仪（或实时检测分析模块）进行测量，此时为单端口器件测量模式。

（2）当待测器件为双端口器件，且只进行反射 PIM 测量时，就将低 PIM 核心测试模块的测试端口 TP1 与待测器件的输入端口连接，待测器件的输出端口连接低 PIM 大功率负载，对载波进行吸收。待测器件产生的反射 PIM 信号通过低 PIM 核心测试模块中的分段低 PIM 收发双工器 1 分离并输出至 PIM_Rx 端口，通过软件控制三路微波开关来实现对反射 PIM 信号的选通，通过频谱仪（或实时检测分析模块）进行测量，此时为单一反射测量模式。

（3）当待测件为双端口器件，且同时需要进行反射与传输测量时，就将低 PIM 核心测试模块的测试端口 TP1 与待测器件的输入端口连接，将低 PIM 核心测试模块的测试端口 TP2 与待测器件的输出端口连接。待测器件产生的反射 PIM 信号通过低 PIM 核心测试模块中的分段低 PIM 收发双工器 1 分离并输出至 PIM_Rx 端口，待测器件产生的传输 PIM 信号通过分段低 PIM 收发双工器 2 分离并输出至 PIM_Tx 端口。通过软件控制三路微波开关来实现对反射（或传输）PIM 信号的选通，通过频谱仪（或实时检测分析模块）进行测量，此时为反射、传输同时测量模式。

（4）当待测器件为三端口器件时，以待测双工器为例，就将低 PIM 核心测试模块的测试端口 TP1 与待测双工器的 Tx 端连接，将待测双工器的公共端连接低 PIM 大功率负载，将待测双工器的 Rx 端与低 PIM 核心测试模块的测试端口 TP3 连接。待测双工器产生的 PIM 信号直接输出至 PIM_Th 端口。通过软件控制三路微波开关来实现对扩展 PIM 信号的选通，通过频谱仪（或实时检测分析模块）进行测量，此时为三端口器件测量模式。

5.3.1.3 系统校准方法

系统的功率校准分为发射载波信号功率校准和接收 PIM 信号功率校准，其主要作用是对信号传输链路上的损耗进行校准，从而保证测试结果的准确性。接下来，以宽带载波合成模式为例进行说明。

发射载波信号功率校准就是保证在测试过程中对待测器件端测试功率的实时控制，同时要求功率计所测得的功率为输入至待测器件的实际功率，即校准从宽带载波合成模块中定向耦合器的功率耦合端口 P_C11、P_C12 到低 PIM 核心测试模块的测试端口 TP1 之间链路上的所有损耗之和。

具体方法：将定向耦合器的功率耦合端口 P_C11 和 P_C12 分别连接功率计的输入端口 P_C1 和 P_C2，将低 PIM 核心测试模块的测试端口 TP1 连接已知固定衰减量的衰减器，然后连接校准功率计，信号源模块产生两路测试信号 f_1 和 f_2。首先，固定 f_2 不变，在发射带宽内以固定频率步进（根据需求选择）扫描 f_1，同时测量、记录信号源模块输出 f_1 的功率、功率计的 P_C1 端口测量功率以及校准功率计的测量功率，形成第一载波通道衰减数据映射表。然后，固定 f_1 不变，在发射带宽内以相同的频率步进扫描 f_2，同时测量、记录信号源模块输出 f_2 功率、功率计的 P_C2 端口测量功率以及校准功率计的测量功率，形成第二载波通道衰减数据映射表。将测得的衰减数据映射表存储于工控机及系统控制软件模块中，在测试过程中通过调用数据映射表来实现对信号源模块的实时反馈控制和功率计的实时显示控制。校准过程通过软件控制来自动完成。

接收 PIM 信号功率校准就是保证频谱仪（或实时检测分析模块）测得的 PIM 信号功率为实际待测器件端产生的 PIM 信号功率，即需要获得低 PIM 核心测试模块的测试端口 TP1、TP2 和 TP3 到 PIM 产物接收模块的输出端口 PIM_1 和 PIM_2 之间的链路损耗总和，分别为反射、传输和扩展端口接收校准。

具体方法：首先，进行低 PIM 核心测试模块的测试端 TP1、TP2 和 TP3 到 PIM 接收模块的输出端口 PIM_1 的反射、传输和扩展端口接收校准。信号源模块输出信号 f_pim，输入低 PIM 核心测试模块的测试端口 TP1，PIM 产物接收模块的输出端口 PIM_1 连接校准功率计，信号源在接收带宽内以 1 MHz 频率步进扫描 f_pim，同时测量信号源输出功率和校准功率计测量功率，形成反射 PIM 接收通道衰减数据映射表，即可完成反射端口接收校准。同理，信号源模块输出信号 f_pim，先后输入低 PIM 核心测试模块的测试端口 TP2 和 TP3，经过相同的过程，即可完成传输和扩展端口接收校准。同理，可完成低 PIM 核心测试模块的测试端口 TP1、TP2 和 TP3 到 PIM 接收模块的输出端口 PIM_2 的反射、传输和扩展端口接收校准。将测得的衰减数据映射表存储于工控机及系统控制软件模块中，在测试过程中通过调用数据映射表来实现频谱仪及实时检测分析模块的实时显示控制。校准过程通过软件控制来自动完成。

5.3.2　基于电桥及滤波器组合方法实现宽带高灵敏度无源互调测量

1. 主要技术内容

传输 PIM 测量与反射 PIM 测量的具体技术方案如图 5-8、图 5-9 所示，主要包括：信号源 1、信号源 2、功率放大器 1、功率放大器 2、定向耦合器 1、定向耦合器 2、f_1 滤波器、f_2 滤波器、合路器、发射滤波器，第一 3 dB 电桥、低通滤波器 1、低通滤波器 2、第二 3 dB 电桥、接收滤波器 1、接收滤波器 2、吸收负载、低噪声放大器、频谱仪、带通滤波器、大功率负载。

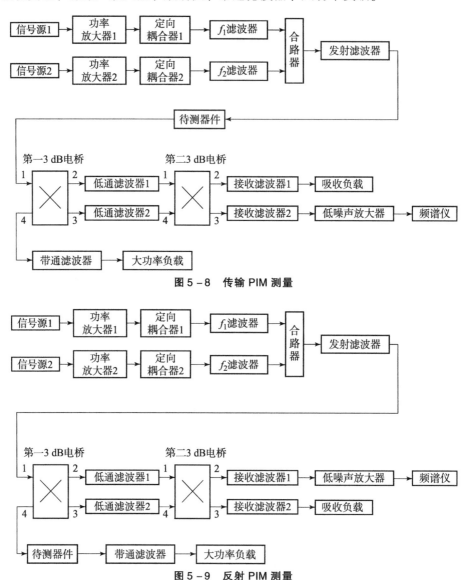

图 5 - 8 传输 PIM 测量

图 5 - 9 反射 PIM 测量

信号源 1、信号源 2：产生两路测试信号 f_1、f_2，$f_1 < f_2$。

功率放大器 1、功率放大器 2：对测试信号进行功率放大，得到大功率载波信号 f_1、f_2。

定向耦合器 1、定向耦合器 2：耦合输出两路载波信号，检测载波信号功率。

f_1 滤波器：对第一路载波信号 f_1 进行过滤，滤除前级链路产生的谐波、杂波等。其必须是大功率低通（或带通）滤波器。

f_2 滤波器：对第二路载波信号 f_2 进行过滤，滤除前级链路产生的谐波、杂波等。其必须是大功率低通（或带通）滤波器。

合路器：将两路载波信号 f_1、f_2 合成一路测试载波信号。

发射滤波器：为大功率低 PIM 带通滤波器，对合成后的载波信号进行过滤，滤除其他互调和杂散分量，保证进入待测器件的载波信号的纯度。滤波器中心频率为 $(f_1 + f_2)/2$，通常要求在带外 $2f_1 - f_2$ 和 $2f_2 - f_1$ 处的抑制度 >80 dB，自身 3 阶 PIM 值 $\leqslant -135$ dBm@2×43 dBm。

第一 3 dB 电桥：实现载波和 PIM 信号的功率分配及合成。其必须为大功率低 PIM 的 90° 正交电桥，通常要求自身 3 阶 PIM 值 $\leqslant -135$ dBm@2×43 dBm。

低通滤波器 1、低通滤波器 2：通过 PIM 信号，反射载波信号。其必须为大功率低 PIM 低通滤波器，可通过 PIM 信号 $2f_1 - f_2$，$3f_1 - 2f_2$，$4f_1 - 3f_2$，$\cdots$。通常，要求阻带内 f_1 和 f_2 处的抑制度 >100 dB，自身 3 阶 PIM 值 $\leqslant -135$ dBm@2×43 dBm。这两个滤波器完全相同，须保证严格的一致性，相移差 $<0.5°$。

第二 3 dB 电桥：实现 PIM 信号的功率合成。

接收滤波器 1、接收滤波器 2：进一步过滤 PIM 信号，抑制其他杂波干扰。这两个滤波器完全相同。

吸收负载：吸收泄漏的小信号。

低噪声放大器：对 PIM 信号放大。

频谱仪：检测 PIM 信号。

带通滤波器：进一步过滤测试后的载波信号，为大功率低 PIM 带通滤波器，可通过载波信号 f_1 和 f_2，反射 PIM 信号。滤波器中心频率为 $(f_1 + f_2)/2$，通常要求在带外 $2f_1 - f_2$ 和 $2f_2 - f_1$ 处的抑制度 >80 dB，自身 3 阶 PIM 值 $\leqslant -135$ dBm@2×43 dBm。

大功率负载：吸收测试后的载波信号。其为低 PIM 大功率负载，通常要求自身 3 阶 PIM 值 $\leqslant -135$ dBm@2×43 dBm。

信号源 1、信号源 2 分别产生测试信号 f_1、f_2，分别通过功率放大器 1、功率放大器 2 进行功率放大，以获得大功率测试载波信号 f_1、f_2，两路载波信号 f_1、f_2 分别通过定向耦合器 1、定向耦合器 2，实现功率耦合检测并确保送入待测器件的功率达到测试要求，然后分别通过 f_1 滤波器和 f_2 滤波器，对前级链路产生的谐波、杂波等进行抑制。滤波后的两路载波信号 f_1、f_2 通过合路器进行合成，合成后的载波信号经过发射滤波器，滤除测试载波信号以外的其他频率信号，得到纯净的 f_1、f_2 测试载波信号。

如图 5 - 8、图 5 - 10 所示，进行传输 PIM 测量时，发射滤波器输出的测试载波信号输入待测器件，待测器件产生载波和 PIM 混合信号，进入第一 3 dB 电桥端口 1，从端口 2、3 将功率分配输出，此时端口 2、3 间的信号相位差为 90°，混合信号分别经过低通滤波器 1 和低通滤波器 2 后，测试载波信号被反射回第一 3 dB 电桥，从第一 3 dB 电桥的端口 4 输出，经过带通滤波器过滤后被大功率负载吸收。两路 PIM 信号进入第二 3 dB 电桥的端口 1、4，端口 1、4 处的两路 PIM 信号的相位差为 90°，合成后从第二 3 dB 电桥的端口 3 输出，经过接收滤波器 2 进一步抑制杂波，然后经低噪声放大器后由频谱仪检测；第二 3 dB 电桥的端口 2 通过接收滤波器 1 后连接吸收负载。

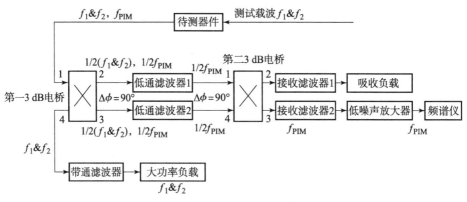

图 5 – 10　PIM 测试实现原理（传输测量）

反射 PIM 检测与传输 PIM 检测的原理类似，主要是待测器件的连接位置不同。如图 5 – 9 所示，发射滤波器输出的测试载波信号输入第一 3 dB 电桥的端口 1，待测器件连接在第一 3 dB 电桥的端口 4 与带通滤波器之间，载波信号通过第一 3 dB 电桥后在第一 3 dB 电桥的端口 2、3 被低通滤波器 1 和低通滤波器 2 反射，从第一 3 dB 电桥的端口 4 输出至待测器件，待测器件产生的反射 PIM 信号从端口 4 进入第一 3 dB 电桥，从第一 3 dB 电桥的端口 2、3 将功率分配输出，此时端口 2、3 输出信号的相位为 – 90°，分别经过低通滤波器 1 和低通滤波器 2 后进入第二 3 dB 电桥的端口 1、4，端口 1、4 处两路 PIM 信号的相位差为 – 90°，合成后从第二 3 dB 电桥的端口 2 输出，通过接收滤波器 1 进一步抑制杂波，然后经低噪声放大器后由频谱仪检测，第二 3 dB 电桥的端口 3 通过接收滤波器后连接吸收负载。测试载波信号通过带通滤波器过滤后被大功率负载吸收。

传输 PIM 测量方式与反射 PIM 测量方式切换时，除了需改变待测器件的连接位置外，还需将吸收负载和低噪声放大器、频谱仪的位置互换。

本节提出了一种采用 90°相位 3 dB 电桥结合低通滤波器实现宽带 PIM 测量

的方法，巧妙地利用了 90°相位 3 dB 电桥的相位及信号合成特性，结合低通滤波器，有效地分解了传统 PIM 检测中高隔离和宽带宽的矛盾，利用电桥的宽带性能保证宽带信号的通过，而对载波和 PIM 信号的分离则采用低 PIM 低通滤波器实现，通过这样一种组合，只需要提高低通滤波器的带外抑制度，即可实现收（PIM）发（载波）通道间的高隔离度，从而能避免传统方法实现宽带测量时收发双工器技术指标难以实现的问题，有效地降低设计难度。而且，该方案中的所有关键部件均可以通过波导结构实现，从而可使系统整体获得更加稳定的低残余 PIM 性能，实现宽带高灵敏度的 PIM 测试。

依据此方案，中国空间技术研究院西安分院设计实现了 S 频段宽带高灵敏度 PIM 测试系统，采用波导结构，在载波为 2 160 MHz 和 2 210 MHz 时，可以同时实现 3 ~ 15 阶的 PIM 测试，系统自身 3 阶残余 PIM < − 130 dBm@2 × 43 dBm，7 阶残余 PIM < − 150 dBm@2 × 43 dBm，同时具备了宽接收频带、大功率和高灵敏度性能，验证了该方案的有效性。

5.4　无源互调的时域频域联合实时检测分析

进行常规需求下的 PIM 测量时，商用频谱仪确实可以满足要求，但是在进行高灵敏度及高动态范围测试时存在一些问题。主要原因如下：

（1）PIM 信号特别弱，通常在 − 150 dBm 左右量级。

（2）PIM 信号出现时刻不确定，进行一次实验的周期比较长，需要长时间观测记录。

（3）PIM 信号通常瞬态突发，持续时间可能较短，且持续时间不固定。

（4）单个目标 PIM 信号带宽比较窄，通常是单频点观测，要求频谱分辨率为 Hz 级别。

采用商用频谱仪进行检测时，随着频谱仪扫描时间的增加，测试采样周期会延长。在实际部件和系统中，存在很多瞬态跳变的 PIM 信号，尤其是在温度循环条件下，这种瞬态跳变的 PIM 信号虽持续时间短但幅度很大，足以对通信造成干扰，而传统的频谱仪频域测量手段对这样的突发 PIM 信号无法做到完全检测。此外，瞬态跳变的 PIM 信号在时域表现为脉冲信号，而在频域呈现频谱展宽，无法在频域做到精确测试。因此，商用频谱仪无法满足高性能的 PIM 综合检测需求。而且，PIM 信号本身十分微弱，且与噪声混叠在一起，通用示波器也无法直接在时域对其进行检测。

为了深入研究 PIM 特性，就需要对实际发生的 PIM 数据进行分析处理，而 PIM 的测量具有耗时耗力的特征，因此在进行实时数据采集的同时，完成实时数据的全带宽记录及数据的后处理功能显得十分必要。

针对低电平、突发性及持续时间短等瞬态 PIM 特点的问题，本节提出基于时域频域联合实时检测的 PIM 测量方法，对原始 PIM 信号进行实时采集，并进行时域频域的实时处理，在频域实现高灵敏度 PIM 测量的同时，在时域实现对瞬态跳变 PIM 信号的有效捕获和检测分析。相比于传统频谱仪测量方法，该测量方法有着更高的检测灵敏度、更优秀的检测实时性，可以实现更精确的测量，且可以满足后处理需求。

5.4.1　时域频域联合无源互调实时检测分析系统的原理及流程

时域频域联合 PIM 实时检测分析系统的原理如图 5-11 所示，主要包括射频处理、中频处理、数字信号处理以及软件处理模块。

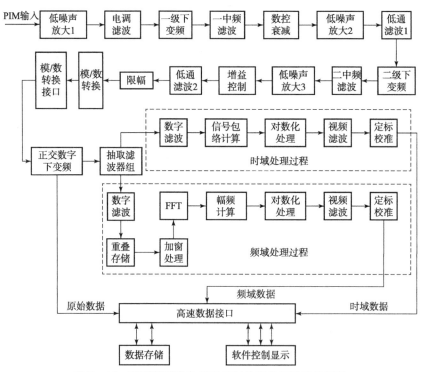

图 5-11　时域频域联合 PIM 实时检测分析系统的原理

PIM 射频信号采集处理具体包括以下过程。

（1）低噪声放大 1：对输入的 PIM 小信号进行低噪声放大，具有很低的噪声系数，保证高灵敏度接收。

（2）电调滤波：为可调滤波器，根据需要检测的 PIM 信号频率来设置滤波器中心频率，以实现对 PIM 信号的滤波。

（3）一级下变频：将 PIM 信号下变频至第一中频 321.4 MHz。

（4）一中频滤波：对下变频后的第一中频进行带通滤波，滤除其他杂波分量。

（5）数控衰减：与后级增益控制共同实现自动增益控制功能，根据输入 PIM 信号的动态范围进行调整。

（6）一中频放大（低噪声放大2）：对第一中频进行信号放大。

（7）低通滤波1：对放大后的第一中频进行滤波，滤除其谐波干扰。

（8）二级下变频：将第一中频下变频至第二中频 21.4 MHz。

（9）二中频滤波：对下变频后的第二中频进行带通滤波，滤除其他杂波分量。

（10）二中频放大（低噪声放大3）：对第二中频进行信号放大。

（11）增益控制：与前级数控衰减共同实现自动增益控制功能，根据 PIM 信号的动态范围进行调整。

（12）低通滤波2：对放大后的第二中频进行滤波，滤除其谐波干扰。

（13）限幅：在输入信号幅度过大时，保护后端的模/数转换电路。

（14）模/数转换：将中频模拟信号转换为数字信号，速率为 128 MS/s。

经过模/数转换后，信号输入数字信号模块，同时在时域和频域进行实时分析，处理后的数据输入软件模块输出。软件模块主要完成系统配置、实时显示、实时数据存储、数据回放等处理。

基带数字信号处理具体包括以下过程。

（1）正交数字下变频：将 21.4 MHz 的中频信号正交下变频到基带 IQ 信号，然后将数据分为两路。

（2）直接存储第一路 IQ 原始信号，速率为 4 MS/s。

（3）对第二路 IQ 信号抽取滤波：在保证信号不失真的前提下进行数据压缩，降低信号采样率，将信号数据的速率压缩至 80 kS/s。

（4）抽取滤波后分别进行时域处理和频域处理：若需要分析的最小脉冲宽度为 T，则分析带宽 $f_s \geqslant 4/T$。

时域频域的详细处理过程如下。

1）时域处理过程

（1）数字滤波：根据所需检测的 PIM 脉冲时域的最小宽度设置滤波带宽 B，$B = 1/T_{\min}$，$T_{\min}$ 为所需要检测的 PIM 时域脉冲的最短持续时间。

（2）信号时域包络计算、对数化处理：$20\lg|I + jQ|$，获得时域包络幅值。

（3）视频滤波：改善波形显示。

（4）定标校准：完成数据标定和校准，得到最终时域处理后的结果。

2）频域处理过程

（1）数字滤波：根据分析带宽进行频域数字滤波。

（2）重叠存储：对 IQ 信号进行 87.5% 重叠率的重叠存储，以保证数据加窗处理后不失真。

（3）加窗处理：对 IQ 信号进行加窗处理。窗函数包括 Kaiser、Rectangular、Hamming、Hanning 4 种，加窗处理算法为将 IQ 信号与预存的窗函数进行点乘矩阵。

（4）快速傅里叶变换（FFT）：进行 32 768 点快速傅里叶变换。

（5）幅频计算、对数化处理：$20\lg|I\mathrm{FFT} + \mathrm{j}Q\mathrm{FFT}|$，获得频域幅值。

（6）视频滤波：改善波形显示。

（7）定标校准：完成数据标定和校准，得到最终频域处理后的结果。

处理后的时域数据和频域数据经过高速数据接口，由控制软件输出 PIM 的时频域综合分析结果。

在时域可检测的最小 PIM 信号幅度和最短持续时间 $T_{\min}$ 的关系为

$$S_{\min\_t} = -174 + \mathrm{NF} + 10\lg B + \mathrm{SNR}_\mathrm{p} = -174 + \mathrm{NF} + 10\lg(1/T_{\min}) + \mathrm{SNR}_\mathrm{p}$$

式中，$S_{\min\_t}$——时域检测灵敏度；

SNR_p——能够实现 PIM 信号有效检测所需的信噪比，通常为 10 dB；

NF——链路噪声系数。

频域检测灵敏度 $S_{\min\_f}$ 为

$$S_{\min\_f} = -174 + \mathrm{NF} + 10\lg\mathrm{RBW} + \mathrm{SNR}_\mathrm{p}$$

式中，RBW——系统分辨率带宽。

从以上过程可以看出，PIM 的时域频域联合检测分析不但可以实现高灵敏度和实时检测，而且可以有效地检测到瞬态跳变的 PIM 信号。

5.4.2 时域频域联合无源互调实时检测分析系统关键技术指标

1. 实时时域和频域分析

实时处理的说明框图如图 5 - 12 所示，其中 M_i（$i = 0, 1, 2, \cdots$）为存储器里存储的每帧数据，CALC_i（$i = 0, 1, 2, \cdots$）为处理该帧数据的时间，包括计算处理时间、显示刷新时间等。只有 CALC_i 小于处理每帧数据的时间时，才是实时处理，否则为非实时处理。

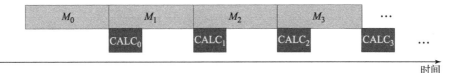

图 5 - 12　实时处理的说明框图

在进行 FFT 运算之前，需要进行加窗处理。为了避免由于加窗处理导致的数据丢失以及保持幅值精度，需要先进行重叠存储，在本方法设计中采用 90% 重叠，此时 $CALC_i$ 要小于每帧数据时间的 10%，如图 5 - 13 所示。

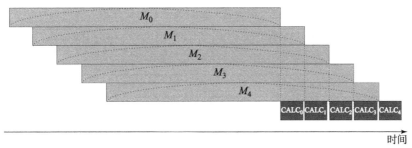

图 5 - 13　重叠存储

在设计中，对信号的处理在时域和频域是并行进行的，因此可以同时获得信号的时域信息和频域信息。

2. 频率范围

根据实际检测需求，本章研制的系统工作频率范围指标要求为 1 ~ 18 GHz。系统射频单元采用超外差二次变频方案，一级混频后将信号变为 321.4 MHz 的一级中频信号，二级混频后将 321.4 MHz 的一级中频信号变为 21.4 MHz 的二级中频信号。一级混频采用高本振信号，因此只要一级本振信号的频率范围为 1.321 4 ~ 18.321 4 GHz，即可满足系统工作频率范围的指标要求。

3. 最大分析带宽

根据实际检测需求，系统最大分析带宽指标要求为 32 kHz，设计时选择进行 FFT 运算处理的数据速率为 32 kS/s，即可满足系统最大分析带宽的指标要求。

4. 最小分辨率带宽

根据实际检测需求，系统最小分辨率带宽的指标要求为 1 Hz。系统分辨率

带宽 RBW 的计算公式为

$$RBW = \frac{W_f \times f_s}{N}$$

式中，W_f——窗口因子；

　　　f_s——采样频率；

　　　N——FFT 的点数。

窗口因子 W_f 与对数据进行加窗处理的窗函数类型有关，常用的窗函数和窗口因子的对应关系如表 5 - 1 所示。

表 5 - 1　窗函数和窗口因子的对应关系

窗函数	窗口因子
Kaiser	2. 23
Rectangular	0. 89
Hamming	1. 30
Hanning	1. 44

在表 5 - 1 中，窗口因子 W_f 的最小取值为 0.89，最大取值为 2.23。

选择 $f_s = 32$ kHz、$N = 32\ 768$，根据窗口因子 W_f 的取值，可得 RBW 的最小值 RBW_{min} 和最大值 RBW_{max} 为

$$RBW_{min} = (0.89 \times 32\ 000)/32\ 768 = 0.87(Hz)$$
$$RBW_{max} = (2.23 \times 32\ 000)/32\ 768 = 2.18(Hz)$$

由以上分析结果可以得出，在窗函数类型为 Rectangular、$f_s = 32$ kHz、$N = 32\ 768$ 时，系统的分辨率带宽最小，为 0.87 Hz；在窗函数类型为 Kaiser、$f_s = 32$ kHz、$N = 32\ 768$ 时，系统的分辨率带宽最大，为 2.18 Hz。

综上所述，选择窗函数类型为 Rectangular、$f_s = 32$ kHz、$N = 32\ 768$ 时，即可满足系统最小分辨率带宽 1 Hz 的指标要求。

5. 最小可分析时域脉冲宽度

根据实际检测需求，系统最小可分析时域脉冲宽度的指标要求为 125 μs。从时域角度分析，对信号进行 4 倍采样就可以完整表征信号的特征，因此选择时域数据采样周期 $T_s = 31.25$ μs，即采样频率 $f_s = 32$ kHz，即可满足系统最小可分析时域脉冲宽度 125 μs 的指标要求。从频域角度分析，当时域脉冲宽度为 125 μs 时，其 3 dB 带宽为 8 kHz。在设计中，将时域信号处理的信号带宽限制在 8 kHz 即可满足要求。由于此时的信号为脉冲信号，因此其在频域占有一

定的信号带宽，时域脉冲宽度为 $T(\mathrm{s})$ 时，其 3 dB 带宽 $B(\mathrm{Hz})$ 约为

$$B = 1/T$$

因此，系统能够分析的脉冲信号的最小功率 $P_{\min}$ 为

$$P_{\min} = -174 \text{ dBm} + 10 \lg \frac{B}{1 \text{ Hz}} + \text{NF} + N_{\text{slack}}$$

式中，B——信号带宽，取值与时域脉冲宽度相关；

NF——链路噪声系数，取值为 8 dB；

N_{slack}——裕量，取值为 10 dB。

结果如下：

$$P_{\min} = -174 \text{ dBm} + 10 \lg \frac{B}{1 \text{ Hz}} + 8 \text{ dB} + 10 \text{ dB} = -156 + 10 \lg B$$

不同的带宽 B 对应的 $P_{\min}$、时域脉冲宽度 PW 如表 5 – 2 所示。

表 5 – 2　带宽 B 与 $P_{\min}$、PW 的对应关系

$P_{\min}$/dBm	B/Hz	PW/ms
– 120	4 000	0. 25
– 130	400	2. 5
– 140	40	25
– 155	1. 26	794

6. 工作动态范围

根据实际检测需求，系统工作动态范围的指标要求为大于等于 70 dB。系统动态范围一般由两部分构成：一部分是模拟链路可控衰减器的衰减值范围；另一部分是在满足系统测试精度条件下的 ADC（模/数转换器）的动态范围值。

设计时，选择模拟链路可控衰减器的衰减值范围为 40 dB，ADC 的动态范围为 45 dB，就可以满足系统工作动态范围大于等于 70 dB 的指标要求。

7. 最小输入信号功率

系统最小输入信号的功率指标要求是小于等于 – 155 dBm。系统显示平均噪声电平（DANL）的计算公式为

$$\text{DANL} = -174 \text{ dBm} + 10 \lg \frac{\text{RBW}}{1 \text{ Hz}} + \text{NF}$$

选择 RBW = RBW$_{max}$ = 2.18 Hz，NF = 8 dB 时，可得系统显示平均噪声电平最大值DANL$_{max}$为

$$DANL_{max} = -174 \text{ dBm} + 3.4 \text{ dB} + 8 \text{ dB} = -162.6 \text{ dBm}$$

选择 RBW = RBW$_{min}$ = 0.87 Hz，NF = 8 dB 时，可得系统显示平均噪声电平最小值DANL$_{min}$为

$$DANL_{min} = -174 \text{ dBm} - 0.6 \text{ dB} + 8 \text{ dB} = -166.6 \text{ dBm}$$

综上所述，系统显示平均噪声电平最大为 -162.6 dBm，因此系统可以准确测试的最小信号功率为 -155 dBm。

5.4.3 样机研制及实验测试结果分析

基于前文所述的原理方法，本章研制了实验样机如图 5-14 所示，同时具有时域和频域测量窗口选项。

图 5-14 时域频域联合 PIM 实时检测分析系统实验样机

针对具体检测需求，所要检测的最小时域脉冲为 125 μs，则取分析带宽 f_s = 32 kHz，选择窗函数 Rectangular，窗口因子 W_f = 0.89，相应的频域分辨率带宽 RBW = $W_f \times f_s/32\,768$ = 0.87 Hz，时域滤波带宽 B = 1/125 μs = 8 kHz。链路噪声系数 NF = 8.5 dB，信噪比 SNR$_p$ = 10 dB。可得出时域灵敏度 S_{min_t} 和频域灵敏度 S_{min_f}分别为

$$S_{min\_t} = -174 + NF + 10\lg B + SNR_p = -116.5 \text{ dBm}$$

$$S_{min\_f} = -174 + NF + 10\lg RBW + SNR_p = -155.5 \text{ dBm}$$

即针对最小持续时间 125 μs 的跳变 PIM，当幅度大于 -116.5 dBm 时，就能有效检测。

为了验证所提方法的有效性，接下来采用高灵敏度 PIM 研究平台，对一个 7/16DIN 型接头待测器件进行温度循环条件下的 PIM 测试，设置 5 个温度循环

周期，温度变化范围为 - 50 ~ 90 ℃，温度变化速率为 5 ℃/min，在高温和低温分别保持 30 min。采用反射式测量，输出的 3 阶 PIM 信号通过功分器等分为两路，然后分别连接商用频谱仪和时域频域联合 PIM 实时检测分析系统，保持测量同步。经过 6 h 的测量后，得到的结果如图 5 - 15 所示。

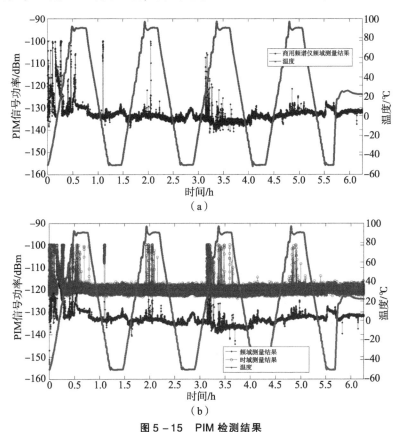

图 5 - 15　PIM 检测结果

（a）商用频谱仪检测结果；（b）时域频域联合 PIM 实时检测结果

由图 5 - 15 所示的检测结果可以看出，这两种方法的检测结果的趋势基本相同，但很明显，时域频域联合 PIM 实时检测方法的检测结果更精确。为了能够更加清晰地看出这两种方法的区别，于是截取整个测试数据中的一小段进行局部放大后观察，如图 5 - 16 所示。可以看出，这两种方法的频域检测结果完全重合，由此也验证了新方法的准确性。除此之外，时域检测捕捉到了瞬态跳变的 PIM 信号，而这是通用频谱仪无法检测到的。时域频域联合 PIM 实时检测方法通过对时域频域同时进行处理分析，最终获得一个综合性的结果，同时具备了频域检测的高灵敏度和时域检测的实时性优点。此外，在完成高灵敏度检测的基础上，还保证了对瞬态跳变 PIM 信号的有效捕捉，弥补了传统方法存在的漏检缺陷。

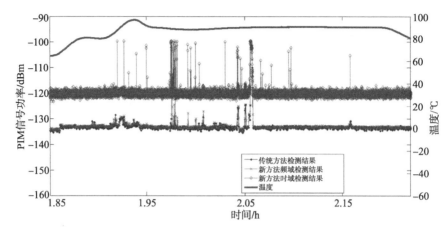

图 5 - 16　时域频域联合 PIM 实时检测方法与传统频谱仪检测方法的测试结果局部对比

　　相比采用传统商用频谱仪进行检测，本节所提供的检测方法能同时获得频域和时域的检测数据，经综合分析后得出最终检测结果。由实验结果可以明显看出，该检测方法可以实现更精确的测试，在满足频域检测灵敏度的基础上，可以捕获传统商用频谱仪无法捕获到的瞬态脉冲信号，灵敏度和实时性更高，解决了传统检测方法中对瞬态突发 PIM 脉冲信号存在漏检的缺陷，大幅提高了PIM 检测的精度和效率，有效提高了检测灵敏度和实时性，为 PIM 检测提供了一种新的思路和途径。

参 考 文 献

[1] 叶鸣，贺永宁，孙勤奋，等．大功率条件下的无源互调干扰问题综述［J］．空间电子技术，2013，10（1）：75 - 83.

[2] 朱辉．实用射频测试和测量［M］．北京：电子工业出版社，2012.

[3] KIM J T, CHO I K, JEONG M Y, et al. Effects of External PIM Sources on Antenna PIM Measurements［J］. ETRI Journal, 2002, 24 (6)：435 - 442.

[4] 孙勤奋．大功率无源互调测试方案研究［C］//2011 年全国微波毫米波测量技术学术交流会，2011：169 - 172.

[5] 陈翔，崔万照，王瑞，等．一种采用电桥结合滤波器实现宽带无源互调测量的装置及方法：201710256836.1［P］．2017 - 09 - 01.

[6] 陈翔，崔万照，李军，等．空间大功率微波部件无源互调检测与定位技术［J］．空间电子技术，2015，12（6）：1 - 7.

[7] WILKERSON J R. Passive Intermodulation Distortion in Radio Frequency Com-

munication Systems［D］// Raleigh：North Carolina State University，2010.

［8］ WETHERINGTON J M. Robust Analog Canceller for High – Dynamic – Range Radio Frequency Measurement［J］. IEEE Transactions on Microwave Theory and Techniques，2012，60（6）：1709 – 1719.

［9］ RAWLINS A D，PETIT J S，MITCHELL S D. PIM characterization of the ESTEC compact test range［C］// Proceedings of the 28th European Microwave Conference，Amsterdam，1998，544 – 548.

［10］ CHRISTIANSON A J，HENFIE J J，CHAPPELL W J. Higher Order Intermodulation Product Measurement of Passive Components［J］. IEEE Transactions on Microwave Theory and Techniques，2008，56（7）：1729 – 1736.

［11］ GOLIKOV V，HIENONEN S，VAINIKAINEN P. Passive Intermodulation Distortion Measurements in Mobile Communication Antennas［C］// IEEE 54th Vehicular Technology Conference，2001，（1 – 4）：2623 – 2625.

［12］ SMACCHIA D，SOTO P，BORIA V E，et al. Advanced Compact Setups for Passive Intermodulation Measurements of Satellite Hardware［J］. IEEE Transactions on Microwave Theory and Techniques，2018，66（2）：700 – 710.

［13］ SMACCHIA D，SOTO P，GUGLIELMI M，et al. Implementation of Waveguide Terminations with Low – Passive Intermodulation for Conducted Test Beds in Backward Configuration［J］. IEEE Microwave and Wireless Components Letters，2019，（99）：1 – 3.

［14］ SHITVOV A P，ZELENCHUK D D，SCHUCHINSKY A G，et al. Mapping of Passive Intermodulation Products on Microstrip Lines［C］// Microwave Symposium Digest，2008 IEEE MTT – S International. IEEE，2008：1573 – 1576.

［15］ 高凡，赵小龙，叶鸣，等. 一种基于偶极子近场耦合法测量无源互调的方法［J］. 空间电子技术，2018，177（03）：15 – 21.

［16］ 李砚平，王海林，双龙龙，等，一种相位可调多载波无源互调测试系统：201710694675. 4［P］. 2018 – 01 – 30.

［17］ BOYHAN J W，LENZING H F. Satellite Passive Intermodulation：Systems Considerations［J］. IEEE Transactions on Aerospace & Electronic Systems，2002，32（3）：1058 – 1064.

［18］ SHANTNU M，YVES P，PIERRE C. A Review of Recent Advances in Passive Intermodulation and Multipaction Measurement Techniques［C］// International Symposium on Antenna Technology & Applied Electromagnetics & Canadian

Radio Sciences Conference. IEEE, 2017: 1 – 4.

[19] CARCELLER C, SOTO P, BORIA V E, et al. Design of Compact Wideband Manifold – coupled Multiplexers [J] . IEEE Transactions on Microwave Theory and Techniques, 2015, 63 (10): 3398 – 3407.

[20] CARCELLER C, SOTO P, BORIA V E, et al. Design of Hybrid Folded Rectangular Waveguide Flters with Transmission Zeros Below the Passband [J] . IEEE Transactions on Microwave Theory and Techniques, 2016, 64 (2): 475 – 485.

第 6 章

微波部件无源互调抑制技术

|6.1 概述|

　　在通信系统的设计、生产和调试阶段，需要分配 PIM 干扰控制指标。然而，目前针对 PIM 对通信系统接收机性能影响的相关研究还有所不足，需要定量分析 PIM 干扰对通信系统误码率的影响。本章通过研究 PIM 对通信系统的影响要素，针对收发双工系统，构建了通信性能与 PIM 特性间的关系框架，建立了 PIM 对通信系统性能影响的定量分析模型。这既为通信系统 PIM 设计提供理论支持与指导，也为通信系统的设计与性能评估提供关键技术支持。

　　接触非线性是产生 PIM 的原因之一。微波部件的金属连接是重要的 PIM 源，低质量的金属连接是造成 PIM 的重要因素，而表面的镀层种类、镀层厚度、焊接点等是影响金属连接质量的关键因素，因此研究镀层材料和厚度等对 PIM 的影响规律，可为微波部件低 PIM 表面处理技术提供理论依据。大功率微波部件 PIM 的产生与其内部易发生 PIM 部位的电场强度有着直接关系，本章针对波导双工器、同轴滤波器及天线馈源等大功率微波部件，采用综合优化设计的方法，优化了微波部件的设计方案和调谐结构，提出了低 PIM 大功率微波部件的设计方案。

　　受平台容纳能力、成本等限制，收发共用天线成为最佳选择，因此天线 PIM 将成为收发共用天线系统的技术瓶颈，PIM 指标要求极具挑战性。本章将针对航天器天线来介绍航天器天线 PIM 的设计规则，并给出目前一些典型的低 PIM 星载馈源实例。针对地面移动通信天线的 PIM 抑制技术受成本因素影响，在航天器天线 PIM 抑制的一些设计规则中并不适用，因此本章重点介绍低 PIM 的焊接技术。本章最后简单介绍了航天载荷的 PIM 系统级抑制方法，未来更严苛的 PIM 指标必须通过系统级的方法才能实现有效抑制。

|6.2　无源互调对通信系统的性能影响|

在收发共用通信系统中，发射信号和接收信号同时经过收发双工器、大功率电缆、天线馈源，如果发射信号不同载波之间产生的 PIM 产物落入接收频带，PIM 产物将和接收信号同时进入接收机，形成干扰信号。对此问题，采用传统滤波和隔离的方法无法解决。当 PIM 电平较低时，会使接收信号底噪抬高，使接收机信噪比降低，误码率升高；当 PIM 电平进一步增高时，会影响整个通信系统的正常工作，严重时，PIM 将淹没接收信号，导致通道阻塞、通信中断，使整个通信系统处于瘫痪状态。

6.2.1　无源互调对通信系统的影响要素

当 PIM 干扰叠加到上行接收信号时，会使上行接收信号的误差矢量幅度（Error Vector Magnitude，EVM）指标变差，从而影响上行接收信号的判决，使上行链路信号传输出现错误码元，进而影响上行通信链路的解调性能。对于 PIM 干扰对通信系统解调环节的影响，采用上行链路传输的误码率来衡量。

PIM 干扰对通信系统的影响要素主要包括器件非线性程度、下行链路信号特性、上行链路信号特性。PIM 干扰对通信系统的影响要素与通信系统性能的关联关系如图 6 - 1 所示。

无源微波部件的器件材料、器件工艺、器件使用时间以及环境变化，都会影响其线性特性，即易产生非线性效应。无源非线性主要可以分为材料非线性和接触非线性。无源器件的非线性特性、下行链路信号特性、上行链路信号特性会对通信链路中的干扰功率、干扰带宽、信号功率、信号带宽产生影响，进而影响通信链路中的信干比（即有用信号与 PIM 干扰信号功率比）。通信链路中信干比的变化和上行链路信号的调制方式等特性会影响通信系统的误码率、同步捕获概率等通信系统性能指标。

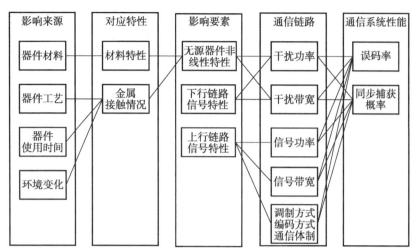

图 6-1　PIM 干扰对通信系统的影响要素与通信系统性能的关联关系

　　本节将从无源器件非线性特性、下行链路信号特性、上行链路信号特性等方面入手，分析 PIM 干扰对通信系统性能的影响。

6.2.1.1　无源器件非线性特性与通信系统性能的关联关系

　　微波部件产生 PIM 干扰主要有两方面原因，即接触非线性、材料非线性。接触非线性是指具有非线性电流（或非线性电压）行为的接触引起的非线性；材料非线性是指由于材料本身所具有的非线性特性而引起的非线性。

　　由于星上 PIM 干扰主要是大功率下行链路信号经过无源器件的非线性引起的，故无源器件的非线性程度对 PIM 产物的影响非常大。当 PIM 器件的非线性程度比较小时，PIM 产物的功率较小，PIM 产物的带宽较窄，进而导致误码率较低、捕获概率较高；当 PIM 器件的非线性程度较大时，导致 PIM 产物的功率较大，PIM 产物的带宽较宽，进而导致误码率较大、捕获概率较低。

　　目前多采用幂级数模型来分析 PIM 干扰对通信系统性能的影响。近年来，随着对 PIM 研究的重视，部分学者提出了新的 PIM 行为模型。

　　理论上已经证明，幂级数模型可以逼近任何连续的无记忆非线性行为，故幂级数模型可以用于描述无源微波部件的非线性特性。即

$$Y(t) = a_1 X(t) + a_2 X^2(t) + a_3 X^3(t) + \cdots + a_n X^n(t) + \cdots \qquad (6-1)$$

式中，$Y(t)$——PIM 产物；

　　　　$X(t)$——输入信号。

　　幂级数模型相对于其他非线性模型而言，形式简单，普适性好。因此，本节采用幂级数模型为主要模型进行分析研究。

法国的 Jacques Sombrin 等人于 2014 年提出了一种新的多载波 PIM 干扰表示方法。该模型由实验结果总结得出，相比幂级数模型更简单，可有效表示 PIM 干扰，便于理论分析。其指出，PIM 干扰的非线性行为可以表示为

$$v_{out} = \alpha \cdot v_{in} \cdot |v_{in}|^{\beta} \tag{6-2}$$

式中，v_{out}——输出信号（经过无源器件后，包含 PIM 的输出信号）；

　　　α——线性参数；

　　　v_{in}——输入信号；

　　　β——幂次参数，其值在 $0.6 \sim 1.5$ 之间。

6.2.1.2　下行链路信号特性与通信系统性能的关联关系

PIM 产物的频率是输入信号频率的线性组合，故下行链路信号的功率、下行链路信号的带宽、下行链路信号的复用路数都会对 PIM 干扰的功率和带宽等特性产生影响。

1. 下行链路信号功率与通信系统性能的关联关系

PIM 干扰信号的功率与下行链路信号的功率密切相关。当下行链路信号的功率比较小时，PIM 干扰信号的功率比较小，经常可以忽略。但是当下行链路信号大功率发射时，PIM 干扰信号的功率往往不能忽略。下行链路信号的功率越大，PIM 干扰信号的功率就越大，且 PIM 干扰信号的功率随下行链路信号功率的增大呈非线性增大。以典型的幂级数模型描述 5 次幂项 x^5 为例，当下行链路信号的功率增加 1 dB 时，由该项产生的 PIM 产物的功率增加 5 dB。由此可见，干扰信号的功率与下行链路信号的功率密切相关。

在有用信号功率一定的情况下，随着 PIM 干扰信号的功率增大，整个通信链路的信干比降低，通信系统的解调性能和同步捕获性能降低，误码率升高，捕获概率降低。

2. 下行链路信号带宽与通信系统性能的关联关系

下行链路信号的频谱带宽对干扰带宽是有重要影响的，且 PIM 产物的带宽会随着 PIM 阶数的增大而增加。双载波情况下 PIM 产物的频谱示意如图 6-2 所示。

下行链路信号的频谱带宽越宽，干扰信号带宽就越宽。且由于 PIM 阶数越高带宽就越宽的频谱特点，下行链路信号的频谱变宽会使更多阶数落入感兴趣的接收频带。表 6-1 说明了双载波情况下不同带宽的下行发射信号所产生的 PIM 产物落入上行接收频带的阶数情况。

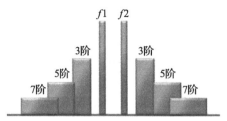

图 6 - 2　双载波情况下 PIM 产物的频谱示意

表 6 - 1　不同带宽的下行发送信号所产生的 PIM 产物落入接收频带的阶数统计

下行链路 中心频率 1/ GHz	下行链路 中心频率 2/ GHz	上行链路 中心频率/ GHz	上行链路 接收带宽/ MHz	下行链路 各路带宽/ MHz	落入接收频带的 I 区 PIM 阶数
2.17	2.20	2.049	3	2	9
				5	9、11
				10	7、9、11、13
				12	7、9、11、13、15

由表 6 - 1 的数据统计可以看出，在信号的下行频率、上行频率、上行接收带宽相同的情况下，下行链路信号的带宽越宽，将会有更多 PIM 产物落入上行链路信号的接收频带。这说明下行链路信号的带宽直接影响了 PIM 干扰的干扰功率和干扰带宽，从而影响上行通信链路的信干比，进而影响通信系统上行的误码率和正确捕获概率。

3. 下行链路信号复用路数与通信系统性能的关联关系

下行链路信号的复用路数对 PIM 干扰信号的带宽、PIM 干扰信号的功率是有影响的。有文献表明，PIM 产物的频谱复杂度会随着载波数目和产物阶数的增长呈指数增长。图 3 - 1 给出了 3 载波情况下 5 阶 PIM 产物频率的简化遍历树。

尽管图 3 - 1 给出的 3 载波 5 阶 PIM 产物的频率遍历树已经通过数论的方法进行了简化，但是依然比较复杂。随着载波数目和 PIM 产物阶数的增加，PIM 产物的遍历树会更加复杂，PIM 干扰的频率分量会更多，频谱会更加复杂。这说明下行链路信号的复用路数会影响 PIM 干扰的干扰功率和干扰带宽，从而影响了上行通信链路的信干比，进而影响通信系统上行的误码率和捕获概率。

6.2.1.3　上行链路信号特性与通信系统性能的关联关系

对通信系统的性能有影响的上行链路信号特性主要包括信号功率、信号带宽、调制方式、编码方式、通信体制（定频扩频）等因素。

上行链路信号的功率直接影响上行通信链路的信干比。当干扰一定时，上行链路信号功率越大，信干比就越高。信干比越高，通信系统性能越好，误码率就越低，捕获概率就越高。

上行链路信号的带宽对通信系统的性能也有影响。PIM 干扰一般是指落入上行接收频带中的 PIM 产物，故当上行接收功率一定、接收频带变宽时，落入接收频带中的 PIM 干扰的功率变高，信干比降低，通信系统性能变差，误码率变高，正确同步捕获概率降低。

上行链路信号的调制方式、编码方式、通信体制都会对通信系统的性能产生影响。信号经过不同的调制方式调制后会得到不同的星座图，而星座图与通信系统抗干扰性能有直接关系，故不同的调制方式下，PIM 干扰对通信系统性能的影响不同，其上行接收信号的误码率和正确同步捕获概率也不同。对上行链路信号进行编码，编码方式不同，通信系统的纠错能力也不同。故不同的编码方式下，PIM 干扰对通信系统的影响不同，编码方式会影响上行接收信号的误码率。扩频通信相对于定频通信来说，具有抗多径、抗干扰的特点，故是否采用扩频的通信体制会影响 PIM 干扰下通信系统的性能，即影响通信系统的误码率和捕获概率。

上行链路信号的功率、带宽、调制方式、编码方式以及通信体制都是 PIM 对通信系统性能的影响因素。在合适的调制方式、编码方式、通信体制下，上行链路的信干比越高，通信系统的性能就越好、上行链路信号的传输误码率就越低、捕获概率就越高。

6.2.2　无源互调对通信系统解调环节的影响分析

本小节将结合 PIM 干扰的特点，根据统计信号处理理论，完成 PIM 干扰对通信系统解调性能的影响分析。在下面的 PIM 干扰对通信系统解调性能的影响的分析模型中，根据信干比是否恒定来分成恒定信干比下的 PIM 干扰对解调环节的影响分析、时变信干比下的 PIM 干扰对解调环节的影响分析分别进行说明。

6.2.2.1　恒定信干比下的 PIM 干扰对解调环节的影响分析

在某一恒定的信干比下，结合幂级数模型以及下行发送信号特性，分析 PIM 干扰在上行接收频率处的信号特性，进而分析误码率随信干比的变化曲线。恒定信干比下的 PIM 干扰对解调环节的影响，是在高斯信道下进行分析的。在高斯信道中，上行有用接收信号的功率不变，并且在信道中叠加幅度上呈现高斯分布、功率谱密度为常数的噪声。

下面分两种情况来讨论恒定信干比下的 PIM 干扰对解调环节的影响。一种是 PIM 干扰的中心频率恰好落在上行接收信号的载波频率，且相位与上行接收信号的相位一致时，PIM 干扰对解调环节的影响。此时，PIM 干扰对上行接收信号的性能影响最大，误码率最差。另一种是在 PIM 干扰的中心频率未落在上行接收信号的载波频率情况下，PIM 干扰对解调环节的影响分析。

1. PIM 干扰的中心频率与上行接收信号载波频率相同时的影响分析

由于幂级数模型可以描述任何无记忆的非线性行为，在分析这种情况下 PIM 干扰对解调环节的影响时，选用幂级数模型进行表示，即

$$Y(t) = a_1 X(t) + a_2 X^2(t) + a_3 X^3(t) + \cdots + a_n X^n(t) + \cdots \qquad (6-3)$$

式中，$Y(t)$——PIM 干扰信号；

$X(t)$——下行 m 路载波信号，可以表示为

$$X(t) = \sum_{i=1}^{m} R_i(t) \cos(2\pi f_i t) \qquad (6-4)$$

式中，f_i——下行载波信号的频率；

$R_i(t)$ ——下行频率为 f_i 的基带成型信号。

由于上下行信号频带的设计特点，因此通常仅考虑 I 区 PIM 产物（即 PIM 频率低于二次谐波频率的 PIM 产物），故仅考虑 $X(t)$ 的奇数次幂所产生的 PIM 干扰。

由于 PIM 产物随下行链路载波数目呈非线性增长，故接下来仅考虑下行链路为双载波、BPSK 调制方式下的 PIM 产物。下行信号为多载波、其他调制方式下的 PIM 产物也可以使用该方法进行分析，但是较为复杂。

下行链路 $X(t)$ 可表示为

$$X(t) = \sum_{i=1}^{2} R_i(t) \cos(2\pi f_i t) \qquad (6-5)$$

则落入接收频带的 $n(n = 2p + 1)$ 阶 PIM 产物可以表示为

$$Y_n(t) = R_1^{p+1} R_2^p \cos(2\pi((p+1)f_1 - p f_2)) \qquad (6-6)$$

当基带信号使用矩形脉冲 BPSK（二进制相移键控）调制方式时，$R_1 = \pm 1$，$R_2 = \pm 1$，故 $R_1^{p+1} R_2^p = \pm 1$。如果 R_1、R_2 取 ± 1 的值是等概率的，那么 $R_1^{p+1} R_2^p$ 取值也是等概率的。

当上行信号频率 $f_{up} = (p+1)f_1 - p f_2$ 时，此时 PIM 干扰对上行信号的接收影响最大。PIM 干扰信号经过下变频得到基带信号后可以表示为

$$Y_b(t) = R_1^{p+1} R_2^p = \pm 1 \qquad (6-7)$$

在上行信号接收端，进入判决器的信号可以表示为

$$z = \sqrt{P_s}X + \sqrt{P_I}Y_b + n \tag{6-8}$$

式中，X——单位能量的上行信号；

$\quad\quad Y_b$——单位能量的干扰信号；

$\quad\quad n$——加性高斯白噪声；

$\quad\quad P_s$——信号功率；

$\quad\quad P_I$——干扰功率。

分别计算 $Y_b = +1$ 和 $Y_b = -1$ 条件下的误码率。误码率公式可以表示为

$$\begin{aligned}
P_e = &\, P(Y_b = +1)P(X = +1)P(z < 0 | Y_b = +1, X = +1) + \\
&\, P(Y_b = -1)P(X = +1)P(z < 0 | Y_b = -1, X = +1) + \\
&\, P(Y_b = +1)P(X = -1)P(z > 0 | Y_b = +1, X = -1) + \\
&\, P(Y_b = -1)P(X = -1)P(z > 0 | Y_b = -1, X = -1) \tag{6-9}
\end{aligned}$$

当 $X = \pm 1$ 等概率、$Y_b = \pm 1$ 等概率时，式（6-9）可以表示为

$$\begin{aligned}
P_e = &\, \frac{1}{4}P(z < 0 | Y_b = +1, X = +1) + \frac{1}{4}P(z < 0 | Y_b = -1, X = +1) + \\
&\, \frac{1}{4}P(z > 0 | Y_b = +1, X = -1) + \frac{1}{4}P(z > 0 | Y_b = -1, X = -1)
\end{aligned}$$

$$\tag{6-10}$$

下面考虑进入判决器的信号 z 的统计分布情况。$X = \pm 1$、$Y_b = \pm 1$ 条件下的 4 种概率密度函数可以写成

$$f_{X=+1,Y_b=+1}(z) = \frac{1}{\sqrt{2\pi}\sigma}\exp\left(-\frac{(z - (\sqrt{P_s} + \sqrt{P_I}))^2}{2\sigma^2}\right) \tag{6-11}$$

$$f_{X=+1,Y_b=-1}(z) = \frac{1}{\sqrt{2\pi}\sigma}\exp\left(-\frac{(z - (\sqrt{P_s} - \sqrt{P_I}))^2}{2\sigma^2}\right) \tag{6-12}$$

$$f_{X=-1,Y_b=+1}(z) = \frac{1}{\sqrt{2\pi}\sigma}\exp\left(-\frac{(z - (-\sqrt{P_s} + \sqrt{P_I}))^2}{2\sigma^2}\right) \tag{6-13}$$

$$f_{X=-1,Y_b=-1}(z) = \frac{1}{\sqrt{2\pi}\sigma}\exp\left(-\frac{(z - (-\sqrt{P_s} - \sqrt{P_I}))^2}{2\sigma^2}\right) \tag{6-14}$$

将式（6-11）~式（6-14）代入式（6-10），此时，系统的上行接收误码率可以表示为

$$\begin{aligned}
P_e = &\, \frac{1}{4}\int_{-\infty}^{0} f_{X=+1,Y_b=+1}(z)\,\mathrm{d}z + \frac{1}{4}\int_{-\infty}^{0} f_{X=+1,Y_b=-1}(z)\,\mathrm{d}z + \\
&\, \frac{1}{4}\int_{0}^{+\infty} f_{X=-1,Y_b=+1}(z)\,\mathrm{d}z + \frac{1}{4}\int_{0}^{+\infty} f_{X=-1,Y_b=-1}(z)\,\mathrm{d}z \tag{6-15}
\end{aligned}$$

将式（6-15）化简，可以表示为

$$P_e = \frac{1}{2}\int\limits_{-\infty}^{0} f_{X=+1,Y_k=+1}(z)\,\mathrm{d}z + \frac{1}{2}\int\limits_{-\infty}^{0} f_{X=+1,Y_k=-1}(z)\,\mathrm{d}z$$

$$= \frac{1}{4}\mathrm{erfc}\left(\left(1 + \frac{1}{\sqrt{\mathrm{SIR}}}\right)\sqrt{\mathrm{SNR}}\right) + \frac{1}{4}\mathrm{erfc}\left(\left(1 - \frac{1}{\sqrt{\mathrm{SIR}}}\right)\sqrt{\mathrm{SNR}}\right)$$

$$(6-16)$$

式中，SIR——信干比，$\mathrm{SIR} = P_s/P_1$，P_s 为信号功率；

SNR——信噪比，$\mathrm{SNR} = P_s/N_0$，N_0 为噪声功率，$N_0 = 2\sigma^2$。

图 6-3 给出了 SNR = 0 dB、SNR = 5 dB 条件下上行通信接收机误码率随信干比 SIR 的分析曲线与仿真曲线。

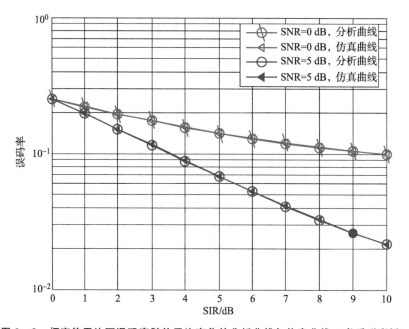

图 6-3　恒定信干比下误码率随信干比变化的分析曲线与仿真曲线（书后附彩插）

由图 6-3 可以看出，误码率随信干比变化的分析曲线与仿真曲线的总体趋势是一致的。仿真曲线与分析曲线基本上吻合，说明该分析模型基本上是合理的。

上述分析是基于 PIM 干扰功率恒定、PIM 干扰的中心频率恰好等于上行接收信号的中心频率且 PIM 干扰的相位与上行接收信号的相位一致的假设进行分析的。其 PIM 干扰对于上行接收信号的影响是最大的，即上述分析给出了恒定信干比下上行接收信号解调性能的最差性能。

2. PIM 干扰的中心频率与上行接收信号载波频率不同的影响分析

前面介绍了 PIM 干扰的中心频率与上行接收信号载波频率相同情况下的上行接收机解调性能的影响分析。但是，在实际的通信系统中，PIM 干扰的中心频率与上行接收信号载波频率常常不同。接下来，介绍 PIM 干扰的中心频率与上行接收信号载波频率不同情况下的解调性能分析。

与前一种情况类似，由于幂级数模型可以逼近任何连续的无记忆非线性行为，因此可采用幂级数模型来描述无源微波部件的非线性特性，即

$$Y(t) = a_1 X(t) + a_2 X^2(t) + a_3 X^3(t) + \cdots + a_n X^n(t) + \cdots \quad (6-17)$$

式中，n——阶数；

$Y(t)$——PIM 干扰信号；

$X(t)$——下行 m 路载波信号，可以表示为

$$X(t) = \sum_{i=1}^{m} R_i(t) \cos(2\pi f_i t + \theta_i) \quad (6-18)$$

式中，信号采样点 X 服从高斯分布，即 $X \sim N(0, \sigma^2)$；包络 R_i 服从独立且相等的瑞利分布；相位 θ_i 服从独立且相等区间为 $(0, 2\pi)$ 的均匀分布。

同样，仅考虑 I 区的 PIM 产物，即仅考虑 $X(t)$ 的奇数次幂所产生的 PIM 干扰。

X 的概率密度函数可以写成

$$f_X(x) = \frac{1}{\sqrt{2\pi}\sigma} \exp\left(-\frac{x^2}{2\sigma^2}\right), \quad -\infty < x < +\infty \quad (6-19)$$

n 为奇数时，$Y_n = X^n$ 的概率密度函数为

$$f_Y(y) = \frac{1}{\sqrt{2\pi}\sigma} \exp\left(-\frac{y^{2/n}}{2\sigma^2}\right) \cdot \frac{1}{k} \cdot y^{-(n-1)/n} \quad (6-20)$$

采用蒙特卡罗法，可得到 $N = 9$ 时的概率密度，如图 6-4 所示。显然，采用高斯分布近似不合适。

直接基于幂级数模型来分析其概率密度较复杂，但将其与经典概率分布对比，发现其与柯西分布近似，如图 6-5 所示。

柯西分布的概率密度函数可以写为

$$f(x) = \frac{1}{\pi} \frac{\lambda}{x^2 + \lambda^2} \quad (6-21)$$

式中，λ——尺度参数，控制概率分布的集中程度。

从图中可以看出，这两者大致吻合，这说明了 PIM 干扰的概率统计特性在柯西分布估计下基本合理。

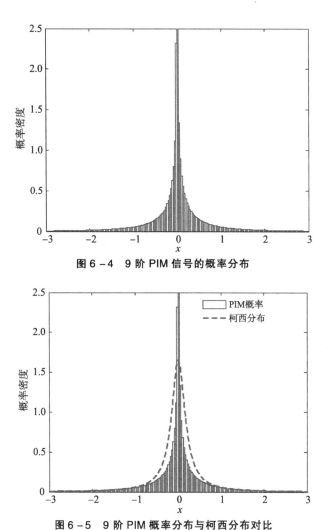

图 6-4 9 阶 PIM 信号的概率分布

图 6-5 9 阶 PIM 概率分布与柯西分布对比

以上概率分布的峰值、众数和中值为 0。但柯西分布的平均值、方差和矩都没有定义，不利于后续分析。如图 6-6 所示，以对数形式绘制概率密度曲线，可见其概率密度曲线在远离中值的两侧差别较大，柯西分布的尾部较重。

因此，若想采用柯西分布近似 PIM 概率密度，就需要对柯西分布进行修正，将其尾部变轻。相比之下，高斯分布作为轻尾分布可帮助修正柯西分布。修正后的概率密度可表示为

$$f(x) = \frac{1}{C} \cdot \frac{\lambda}{x^2 + \lambda^2} \cdot \exp\left(\frac{-x^2}{K^2}\right) \quad (6-22)$$

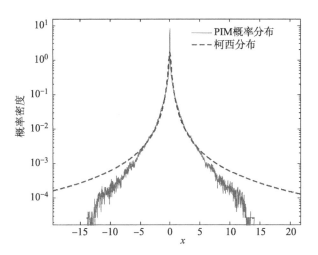

图 6 - 6　9 阶 PIM 概率分布与柯西分布对比

式中，

$$C = \pi \left(1 - \mathrm{erf}\left(\frac{\lambda}{K} \right) \right) \cdot \exp\left(\frac{\lambda}{K} \right)^2 \qquad (6-23)$$

式中，K——高斯修正参数。

　　选取合适的 K 和 λ，可得到如图 6 - 7 所示的修正柯西分布。可见，修正后的柯西分布与 PIM 概率分布曲线吻合得非常好。

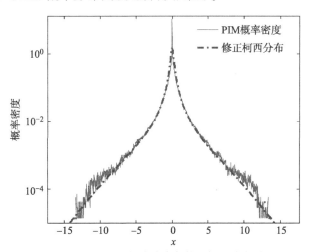

图 6 - 7　9 阶 PIM 概率分布与修正柯西分布对比

　　K、λ 与 n 的关系可以通过测量数据结果的曲线拟合得到，曲线拟合结果与测量数据结果如图 6 - 8 所示。

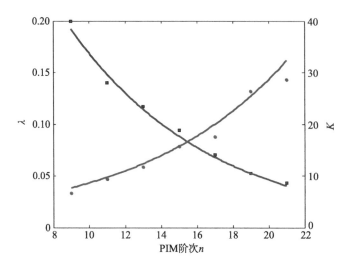

图 6 – 8　**K 和 λ 的选取与 PIM 阶次 n 的关系**

经过曲线拟合，得到 K 与 n 的关系和 λ 与 n 的关系：

$$\lambda = 0.62 \times e^{-0.13n} \tag{6 – 24}$$

$$K = 2.6 \times e^{0.12n} \tag{6 – 25}$$

根据文献 [2] 可知：

$$\int_0^{+\infty} \frac{\exp(-\mu^2 x^2)}{x^2 + \beta^2} dx = (1 - \Phi(\beta\mu)) \frac{\pi}{2\beta} \exp(\beta^2\mu^2), \ \mathrm{Re}\,\beta > 0, |\arg\mu| < \frac{\pi}{4} \tag{6 – 26}$$

$$\int_0^{+\infty} \frac{x^2 \exp(-\mu^2 x^2)}{x^2 + \beta^2} dx = \frac{\sqrt{\pi}}{2\mu} - \frac{\pi}{2\beta} \exp(\beta^2\mu^2)(1 - \Phi(\beta\mu)), \ \mathrm{Re}\,\beta > 0, |\arg\mu| < \frac{\pi}{4} \tag{6 – 27}$$

由此，容易验证修正柯西分布满足概率分布的基本性质：

$$\begin{cases} f_n(x) \geqslant 0 \\ F_n(\infty) = \int_{-\infty}^{+\infty} f_n(x)\,dx = \dfrac{1}{C} \int_{-\infty}^{+\infty} \exp\left(\dfrac{-x^2}{K^2}\right) \dfrac{\lambda}{x^2 + \lambda^2} dx = 1 \end{cases} \tag{6 – 28}$$

式中，$f_n(x)$——修正柯西分布概率密度；

　　$F_n(\infty)$——$f_n(x)$ 在 $(-\infty, +\infty)$ 的积分为 1。

存在期望和方差分别为

$$E_n(x) = \int_{-\infty}^{+\infty} x \cdot f_n(x)\,dx = \frac{1}{A} \int_{-\infty}^{+\infty} \exp\left(\frac{-x^2}{K^2}\right) \frac{\lambda x}{x^2 + \lambda^2} dx = 0 \tag{6 – 29}$$

$$D_n(X) = \frac{1}{C}\int_{-\infty}^{+\infty} \exp\left(\frac{-x^2}{K^2}\right)\frac{\lambda x^2}{x^2+\lambda^2}\mathrm{d}x = \frac{\lambda K}{\sqrt{\pi}\left(1-\mathrm{erf}\left(\frac{\lambda}{K}\right)\right)\cdot \exp\left(\left(\frac{\lambda}{K}\right)^2\right)} - \lambda^2$$

$$(6-30)$$

3. 多载波 PIM 干扰对通信接收机的误码率分析

考虑系统中的噪声影响不可忽略，加噪后的系统干扰为 $Z(t) = y(t) + n(t)$，其中 $y(t)$ 为 PIM 干扰，$n(t)$ 为接收机噪声，其概率密度 $g(x)$ 通常由均值为 0 的高斯分布 $N(0,\sigma^2)$ 表示，即

$$g(x) = \frac{1}{\sqrt{2\pi}\sigma}\exp\left(\frac{-x^2}{2\sigma^2}\right)$$

$$(6-31)$$

式中，σ——标准差。

若仅考虑单一阶次的 PIM 信号，则 $y(t)$ 的概率密度可由式（6-31）表示。$y(t)$ 和 $n(t)$ 相互独立，因此 $Z(t)$ 的概率密度函数为 $y(t)$ 的概率密度 $f(*)$ 与 $n(t)$ 概率密度 $g(x)$ 的卷积：

$$f_Z(s) = f(x) * g(x) = \int_{-\infty}^{+\infty} f(t)\cdot g(s-t)\mathrm{d}t$$

$$= \int_{-\infty}^{+\infty} \frac{1}{C}\cdot\frac{\lambda\cdot\exp\left(\frac{-t^2}{K^2}\right)}{t^2+\lambda^2}\cdot\exp\left(\frac{-(s-t)^2}{\sigma^2}\right)\mathrm{d}t$$

$$= \pi\cdot\frac{\mathrm{Re}\left(\exp\left(-\left(\frac{s+\mathrm{i}\beta}{\alpha}\right)\right)\left(1+\frac{2\mathrm{i}}{\sqrt{\pi}}\int_0^{\frac{s+\mathrm{i}\beta}{\alpha}}\exp(t^2)\mathrm{d}t\right)\right)\exp\left(\frac{-z^2}{\gamma}\right)}{C\cdot\sqrt{2\pi}\sigma}$$

$$(6-32)$$

式中，

$$\alpha = \frac{\sqrt{2}\sigma\sqrt{2\sigma^2+K^2}}{K}$$

$$(6-33)$$

$$\beta = \lambda\cdot\frac{2\sigma^2+K^2}{K^2}$$

$$(6-34)$$

$$\gamma = 2\sigma^2+K^2$$

$$(6-35)$$

定义干噪比 INR 为

$$\mathrm{INR} = \frac{P_{\mathrm{pim}}}{P_{\mathrm{noise}}}$$

$$(6-36)$$

式中，P_{pim}——PIM 的功率；

$\quad\quad\ P_{\mathrm{noise}}$——噪声功率。

在给定 INR 值的条件下，参数 σ 可由下式算得：

$$\sigma = \left(\left(\frac{\lambda K}{\sqrt{\pi}\left(1 - \mathrm{erf}\left(\frac{\lambda}{K}\right)\right) \cdot \exp\left(\left(\frac{\lambda}{K}\right)^2\right)} - \lambda^2\right) \mathrm{INR}^{-1} \right)^{+} \qquad (6-37)$$

将根据理论推导得到的概率密度函数与实测 PIM 的概率密度曲线和仿真的 PIM 概率密度曲线进行对比，可以得到如图 6 - 9 所示的结果。从图中可以看出，三者能较好地吻合。

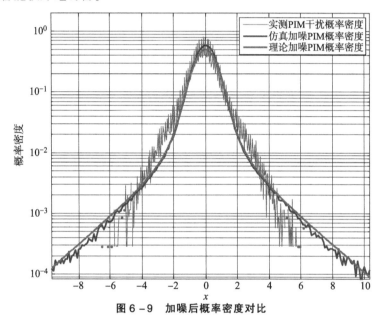

图 6 - 9　加噪后概率密度对比

下面以 BPSK 调制方式为例，介绍多载波 PIM 干扰对接收机误码率的影响。设发送"1"码和"0"码的概率分别为 $P(1)$ 和 $P(0)$，且传输概率相等，即 $P(0) = P(1) = 1/2$，又设 $P(1/0)$ 和 $P(0/1)$ 分别为发"0"收"1"和发"1"收"0"的错误概率，系统的误码率可以表示为

$$\begin{aligned} P &= P(0)P(1/0) + P(1)P(0/1) \\ &= \frac{1}{2}P(1/0) + \frac{1}{2}P(0/1) \\ &= \frac{1}{2}\int_{-\infty}^{0} f_Z(s - A)\,\mathrm{d}z + \frac{1}{2}\int_{0}^{+\infty} f_Z(s + A)\,\mathrm{d}s \\ &= \int_{A}^{+\infty} f_Z(s)\,\mathrm{d}s \end{aligned} \qquad (6-38)$$

因此，系统误码率由 $Z(t)$ 的概率密度决定，将式（6 - 32）代入式（6 - 38），可得到单一阶次 PIM 干扰下的系统误码率为

$$P = \int_A^{+\infty} \pi \cdot \frac{\mathrm{Re}\left(\exp\left(-\left(\frac{s + \mathrm{i}\beta}{\alpha}\right)\right)\left(1 + \frac{2\mathrm{i}}{\sqrt{\pi}}\int_0^{\frac{t+\beta}{\alpha}} \exp\left(t^2\right)\mathrm{d}t\right)\right)\exp\left(\frac{-x^2}{\gamma}\right)}{C \cdot \sqrt{2\pi}\sigma}\mathrm{d}x$$

$$(6-39)$$

根据理论计算的结果、仿真结果、实测结果的对比如图 6 – 10 所示，可见该概率密度模型吻合得非常好。

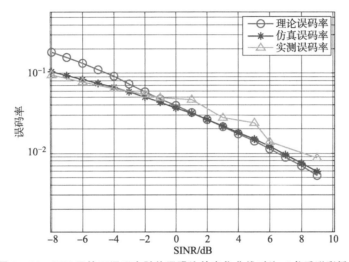

图 6 – 10　PIM 干扰下误码率随信干噪比的变化曲线对比（书后附彩插）

图 6 – 10 所示为在 9 阶 PIM 干扰的影响下，接收机的误码率随信干噪比的变化曲线。其中，红色线为由式（6 – 39）推导计算得到的理论误码率曲线，蓝色线是在 MATLAB 中搭建的通信系统中的仿真误码率曲线，绿色线为实测误码率曲线。由图 6 – 10 可以看出，在 PIM 干扰的影响下，接收机的误码率随信干比变化的理论曲线和仿真曲线的趋势基本一致。在相同误码率条件下，理论曲线和仿真曲线的误差基本在 2 dB 以内，实测结果与仿真结果、理论结果的误差也都在 2 dB 以内，这说明了该分析模型的合理性。

恒定信干比下的 PIM 干扰对解调环节的影响分析，更适合用于分析突发通信中的 PIM 干扰对通信系统解调性能的影响，这主要是因为突发通信的通信时间较短，而短时间内的 PIM 干扰功率可以近似看成不变的。该方法可以用于分析某一恒定信干比下 PIM 干扰下上行通信链路的误码率。

6.2.2.2　时变信干比下的 PIM 干扰对解调环节的影响分析

前面的内容重点讲述了恒定信干比下 PIM 干扰对解调环节的影响，但是 PIM 干扰具有时变性，其信干比不断变化。本节将重点介绍时变信干比下的

PIM 干扰对解调环节的影响分析。大致研究思路是通过分析信干比随时间变化的统计特性，进而求出该段时间的平均误码率随平均信干比的变化情况。

莱斯信道的上行接收功率包括直射信号的功率和非直射衰落信号的功率，瑞利信道的上行接收功率仅有非直射衰落信号的功率。由于直射信号的功率基本不变，因此莱斯信道和瑞利信道的接收功率的时变部分都为非直射衰落信号的功率。不难看出，在对时变信号进行分析时，瑞利信道分析是莱斯信道分析的基础，两者的研究方法基本相同，但还需分析莱斯信道下 PIM 干扰对通信接收机解调环节的影响。

在瑞利信道中，当信号通过信道后，其信号幅度是随机的，且其包络服从瑞利分布。上行接收机的接收功率是不断变化的。

将进入判决器的信号表示为

$$Z = \sqrt{P_s}h_0 x + \sqrt{P_I}h_1 y + n \qquad (6-40)$$

式中，x——单位能量的上行接收信号；

y——单位能量的干扰信号；

n——加性高斯白噪声；

P_s——上行接收信号的平均功率；

P_I——PIM 干扰的平均功率；

h_0, h_1——不断变化的上行接收信号和 PIM 干扰的衰减系数，在下述分析中，假设 h_0、h_1 服从瑞利分布。

进入判决后，信干噪比 SINR 可以表示为

$$SINR = \frac{X}{Y + \sigma^2} \qquad (6-41)$$

式中，$X = |h_0|^2 P_s$、$Y = |h_1|^2 P_I$，X 和 Y 服从指数分布。其概率密度函数分别表示为

$$f_X(X) = \frac{1}{P_s}\exp\left(-\frac{X}{P_s}\right) \qquad (6-42)$$

$$f_Y(Y) = \frac{1}{P_I}\exp\left(-\frac{Y}{P_I}\right) \qquad (6-43)$$

下面讨论信干噪比 SINR 的统计特性。信干噪比 SINR 的累积分布函数可以表示为

$$F_{SINR}(\gamma) = Pr(SINR \leq \gamma) = \int_0^{+\infty} Pr(X \leq \gamma(Y + \sigma^2))f_Y(Y)\,dY \qquad (6-44)$$

将式（6-42）、式（6-43）代入式（6-44），可将式（6-44）化简为

$$F_{SINR}(\gamma) = 1 - \frac{P_s}{P_s + \gamma P_I}\exp\left(-\frac{\gamma\sigma^2}{P_s}\right) \qquad (6-45)$$

在时变信干噪比情况下，PIM 干扰对接收机误码率的影响可以表示为

$$\mathrm{SER_L} = \int_0^{+\infty} a_{\mathrm{mod}} Q\left(\sqrt{2b_{\mathrm{mod}}\gamma}\right) f_{\mathrm{SINR}}(\gamma)\,\mathrm{d}\gamma \qquad (6-46)$$

式中，$Q(\cdot)$——高斯 Q 函数；

$a_{\mathrm{mod}}, b_{\mathrm{mod}}$——与调制方式有关的参数。

将 Q 函数代入式（6-46），则式（6-46）也可以表示成

$$\mathrm{SER_L} = \frac{a_{\mathrm{mod}}\sqrt{b_{\mathrm{mod}}}}{2\sqrt{\pi}} \int_0^{+\infty} \frac{\exp(-b_{\mathrm{mod}}\gamma)}{\gamma^{1/2}} F_{\mathrm{SINR}}(\gamma)\,\mathrm{d}\gamma \qquad (6-47)$$

在 BPSK 调制方式下，$a_{\mathrm{mod}}=1$，$b_{\mathrm{mod}}=1$。将式（6-46）代入式（6-47），经过计算，可以得到在 BPSK 调制方式下，误码率、平均信干比 SIR、平均信噪比 SNR 的关系为

$$P_{\mathrm{e}} = \frac{1}{2} - \frac{1}{2}\sqrt{\mathrm{SIR}} \cdot \exp(\mathrm{SIR}(1+1/(2\mathrm{SNR}))) \Gamma\left(\frac{1}{2}, \mathrm{SIR}(1+1/(2\mathrm{SNR}))\right)$$

$$(6-48)$$

式中，$\mathrm{SIR}=P_{\mathrm{s}}/P_{\mathrm{I}}$；$\mathrm{SNR}=P_{\mathrm{s}}/N_0$；$N_0=2\sigma^2$；$\Gamma(a,x)$ 的定义如下：

$$\Gamma(a,x) = \int_x^{+\infty} \mathrm{e}^{-t} t^{a-1}\,\mathrm{d}t \qquad (6-49)$$

图 6-11 给出了 SNR = 5 dB 和 SNR = 25 dB 在 PIM 干扰下，上行通信链路的误码率随平均信干比 SIR 变化的分析曲线和仿真曲线。

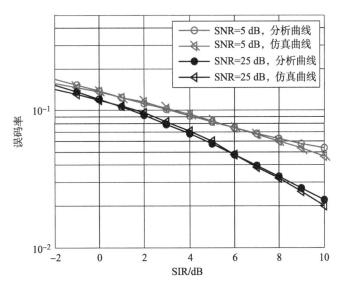

图 6-11　时变信干比下误码率随平均信干比变化的分析曲线与仿真曲线（书后附彩插）

由图 6 – 11 可以看出，误码率随信干比变化的分析曲线与仿真曲线的总体趋势是一致的。仿真曲线和分析曲线的误差在 2 dB 以内，说明了时变信干比下 PIM 干扰对通信接收机解调性能的影响分析基本上是合理的。

上述分析是基于上行接收功率和 PIM 干扰功率都服从指数分布进行分析的，如果上行接收功率和 PIM 干扰功率服从其他统计特性，那么用上述思路进行分析也能得到较理想的结果。

时变信干比下 PIM 干扰对通信接收机解调性能的影响模型，相对于恒定信干比下 PIM 干扰对通信接收机解调性能的影响模型来说，更适合分析长时间连续通信的 PIM 干扰对通信系统解调性能的影响。这主要是因为长时间连续通信的通信时间较长，其 PIM 干扰功率是不断变化的，并且时间越长，其信干比分布就越近似服从其理论信干比统计特性，该方法可以用于分析时变信干比下 PIM 干扰对上行通信链路的误码率。

恒定信干比下的 PIM 干扰对接收机解调性能的影响，分两种模型进行分析。

（1）PIM 干扰的中心频率与上行载波的频率相同，且 PIM 干扰的相位与上行载波相位相同的模型。这是恒定信干比下 PIM 干扰对上行信号影响最大的情况。

（2）PIM 干扰的中心频率与上行载波的频率不同的模型。由于二者频率不同，因此每次叠加到上行信号采样判决处的干扰不一定是 PIM 干扰信号的最大采样点。故在此条件下，PIM 干扰对上行信号的影响比 PIM 干扰的中心频率与上行载波频率相同且 PIM 干扰相位与上行载波相位相同的情况小，在相同信干比下，PIM 干扰的中心频率与上行载波频率不同情况下的误码率更低。

在进行时变信干比下的 PIM 干扰分析时，为了考虑信干比的时变性，于是在瑞利衰落信道下进行分析。实际上，在相同的信干比下，瑞利衰落信道的误码率要高于高斯信道的误码率。也就是说，当恒定信干比分析中的信干比与时变信干比分析中的平均信干比相同时，时变信干比下的分析模型的误码率更高。

|6.3　低无源互调设计原则|

6.3.1　系统方案设计方面

美国在 20 世纪七八十年代部署的 5 个移动通信卫星系统中，前 4 个都遇到了 PIM 问题。前 3 个项目（FLTSATCOM、MARISAT、MARECS）在项目的系统集成和测试阶段遇到了问题，导致项目延迟一两年。除了延误外，由于涉及返工和重新测试，计划成本也随之增加。第四个卫星系统 INTELSAT V MCS 在地面测试阶段没有遇到 PIM 的问题，但由于在轨产生 PIM，系统偶尔会出现随机噪声突发。

如果无法避免低功率和高功率信号的公用路径，那么正确选择发射和接收频率是降低 PIM 噪声的出发点，发射和接收频带应在频率范围内尽可能宽地分开。反面例子是美国的 FLTSATCOM 卫星系统。图 6 - 12 所示为 FLTSATCOM 卫星系统的频率范围，并显示了 3 阶 PIM 如何与接收频带重叠。在目前的多通道系统中，很难完全实现频率分离，但是最小化 PIM 干扰的最佳方法是尽可能分离两个频带。

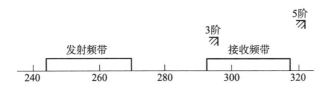

图 6 - 12　FLTSATCOM 卫星系统的频率范围（MHz）

6.3.2　避免铁磁性材料

美国海军实验室的 Young 在文献 [4] 中介绍了一种重要的技术，以验证 PIM 的产生是由铁磁材料引起的。PIM 生成组件放置在外部生成的直流磁场中，若垂直于组件轴线施加磁场，则可将 PIM 减少 10 ~ 20 dB，且当磁场旋转至与连接器轴线平行时，会进一步将 PIM 减小约 10 dB，与初始值相比，总数减小 20 ~ 30 dB。

在这些研究中获得的典型结果如图 6 - 13 所示，说明了不同金属材料对 PIM 水平的影响，铁磁材料和腐蚀材料是 PIM 发生的主要原因。

6.3.3　波导连接

Carlos 研究了波导法兰在不同连接压力下的 PIM 电平值，如图 6 - 14 所示。从图中可以看出，PIM 电平会随着施加压力的增加而缓慢降低，持续到一定压力，PIM 水平就从该压力急剧下降。这是因为，在外加压力比较小的情况下，接触电阻主要由非接触电容决定，由于它与表面直接相关，而接触面积非常小，因此 PIM 值缓慢降低，对于不同的外加压力，该变化不会太大。由于这些电阻线性依赖于接触面积，因此随着压力增加，接触电容和收缩电阻提供结点的电响应，导致 PIM 电平下降得更快。

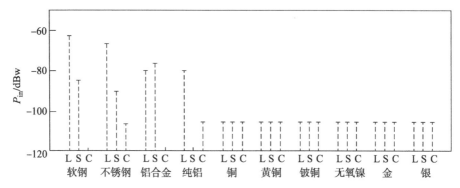

图 6-13　在中心频率附近 1.5 GHz、3 GHz、6 GHz 处的 PIM 值 P_{in}

注：L、S 和 C 分别表示中心频率在 1.5 GHz、3 GHz 和 6 GHz 附近；

　　总入射功率为 3.2 W；轴向力为 10.65 N。

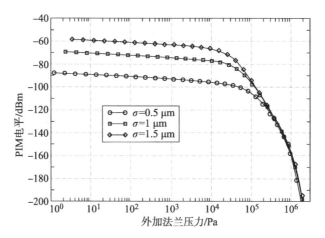

图 6-14　波导法兰在不同连接压力下的 PIM 电平变化

6.3.4　表面处理

　　表面处理是改善材料非线性的有效手段。微波无源部件一般为铝材制作，铝材的 PIM 特性较差，若不对其进行表面处理，则用其制作的部件将产生较高的 PIM 电平。银具有低 PIM 特性，但其价格昂贵，不宜直接用于制造部件，因此采用电镀的方式在铝制品表面镀银是一种较好的办法。

|6.4　低无源互调表面处理方法|

6.4.1　镀层工艺对无源互调的影响

镀层均匀性较差是目前电镀工艺中存在的主要问题之一。电镀零件表面的电流或电流密度的分布情况会直接影响零件表面镀层厚度的均匀性。根据法拉第第一定律，电解时电极上析出（或溶解）物质的质量与通过的电量成正比：

$$m = k \cdot Q = k \cdot I \cdot t$$

式中，m——电极上析出（或溶解）物质的质量（g）；

　　k——比例常数，称为电化当量 $[g/(A \cdot h)]$；

　　Q——通过的电量（$A \cdot h$）；

　　I——通过的电流强度（A）；

　　t——通电时间（h）。

当阴极和阳极工作表面的距离为 y，之间的电压为 V 时，电流强度为

$$I = \frac{V}{y \cdot \rho}$$

式中，ρ——电阻率（Ω/cm）。

镀层厚度 δ 为

$$\delta = \frac{100 \cdot I \cdot t \cdot k \cdot \eta}{r \cdot s}$$

式中，I——电流强度（A）；

　　t——电镀时间（h）；

　　k——电化当量 $[g/(A \cdot h)]$；

　　η——电流效率；

　　r——析出镀层金属的密度（g/cm^3）。

理论上，由于阴极、阳极之间的距离远远大于镀层厚度，因此电镀过程中各位置的电流将保持不变。然而，在实际生产过程中，受"边缘效应"和"深腔效应"影响，内外工作表面及不同位置上的电流并不相同，导致各部位的镀层厚度差异较大，大功率复杂结构微波部件的厚度差异更为突出。

在镀层厚度及均匀性改进方面，可以运用电磁场数值计算模拟软件，对微波无源部件（腔体）电镀过程中的电场进行模拟分析。首先，直观地模拟出

（复杂）零件内腔表面各部位电流或电流密度的分布规律；然后，进行多次修正，得出电流分布最为平均的模型；最后，根据修正后的模型进行辅助阳极或辅助阴极的加工制作，并将其应用于实际生产过程中，使电镀零件表面的电流分布更均匀。同时，对腔体类零件，采用双电源电镀技术（即零件内腔表面的电镀过程由一台电镀电源单独进行控制，零件外部表面由另一台电源控制），做到内外电场分别独立控制，从而达到精确控制腔体零件内外的镀层厚度，并改善镀层的均匀性。接下来，采用电子扫描电镜（SEM）观察各组镀层的表面形貌和微观组织情况，并通过 X 射线进行镀层厚度的检测，优选出镀厚银的电流施加方式，并确定合适的工艺参数。

为了更好地观察不同镀层材料对无源器件内部连接面产生的 PIM 现象，拟设计一种无源组件，其中通过更换不同镀层的同轴谐振杆来观测并研究 PIM 现象。同轴谐振杆为分体加工并由紧固螺钉紧固到腔体上，同轴谐振杆根部的电流最大，由于非线性，因此最容易产生 PIM 现象。同时，为了产生双频多载波信号，避免无源组件内部其他部位产生 PIM 而影响系统观测，因此设计了一个无源两阶同轴滤波器，具体如图 6 - 15 所示。

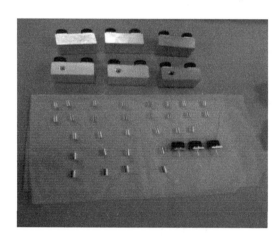

图 6 - 15　表面处理测试样件

采用滤波器腔体和采用同轴谐振杆，将同轴谐振杆的表面制备成不同状态的镀银层，通过对样件的 PIM 测试来系统地分析和研究不同镀覆层的厚度、表面粗糙度、硬度及耐磨性等因素对 PIM 的影响情况，获得实际数据。

当镀层厚度小于趋肤深度时，对滤波器的 PIM 影响较大；当镀层厚度达到两个趋肤深度以上，对 PIM 几乎没有影响。不同镀层厚度对 PIM 的影响如图 6 - 16、图 6 - 17 所示。

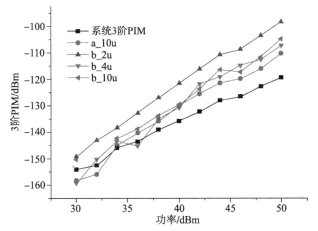

图 6 - 16　不同镀层厚度对 PIM 的影响（3 阶 PIM）（书后附彩插）

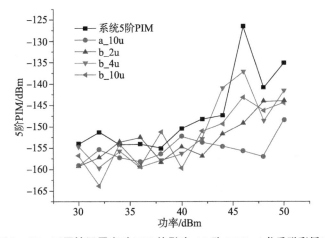

图 6 - 17　不同镀层厚度对 PIM 的影响（5 阶 PIM）（书后附彩插）

6.4.2　镀层工艺对腔体滤波器电性能的影响

在微波电路中，谐振腔广泛应用于各种微波部件中，包括滤波器、振荡器、频率计、可调谐放大器等，因此研究谐振腔的性质具有重要意义。在研究谐振腔的性质时，谐振腔最重要的两个参数是谐振频率、品质因数。对于一个理想的谐振腔，谐振频率是平均存储磁能和电能相等时所对应的频率，谐振腔没有损耗，品质因数为无穷大。然而，实际谐振腔都存在损耗。谐振腔的品质因数就是对谐振腔损耗的度量，损耗越大，品质因数就越低。

导体损耗是谐振腔损耗的重要部分之一，导体损耗包括由于金属电导率有限造成的损耗和金属表面粗糙造成的附加损耗。在不考虑表面粗糙造成的附加损耗时，一些规则结构的谐振腔导体损耗可以通过微扰法来近似求解，而对一些复杂结构可以通过各种数值方法来建模求解，但这样求出来的导体损耗可能存在问题。这是因为，随着工作频率升高，表面粗糙造成的附加损耗可能非常大，会严重影响谐振腔的品质因数。在分析谐振腔的品质因数时，表面粗糙造成的附加损耗不容忽略。

1. 特征模分析粗糙有耗腔体的谐振频率、品质因数

在特征模分析中，将腔体作为一个封闭腔，没有端口和外部电路的耦合，由麦克斯韦方程及边界条件就可以求得谐振腔内的场及谐振频率。当谐振腔有损耗时，谐振频率是复数，其实部表示谐振频率、虚部表示损耗，品质因数 Q 可以表示为

$$Q = \frac{f_R}{2f_I} \qquad (6-50)$$

式中，f_R——谐振频率的实部；

f_I——谐振频率的虚部。

下面通过特征模分析法来分别计算谐振腔的谐振频率、品质因数。同轴腔体模型如图 6 – 18 所示。

图 6 – 18   同轴腔体模型

（1）腔壁为光滑理想导体，即不考虑导体表面粗糙及任何损耗，认为腔体壁为光滑理想导体。其谐振频率 f_0 为

$$f_0 = \frac{c}{\lambda_0} = \frac{c}{2l} = 4.083 \ （\text{GHz}） \qquad (6-51)$$

式中，l——谐振腔长度。

（2）腔壁为光滑有耗导体，即考虑同轴腔体壁的导体损耗，但认为其表面是光滑的。利用复频率法可得到传输线谐振腔的品质因数 Q 为

$$Q = \frac{\pi l}{\left(\alpha l + \dfrac{2R_s}{\eta}\right)\lambda_g} \left(\frac{\lambda_g}{\lambda}\right)^2 \qquad (6-52)$$

式中，α——传输线的衰减常数，$\alpha = 2R_s\left(\dfrac{1}{a} + \dfrac{1}{b}\right)\Big/\left(\eta\ln\dfrac{b}{a}\right)$，$a$、$b$ 分别为波导的长边和窄边；

R_s——导体的表面阻抗；

η——波阻抗；

λ_g——波导波长；

λ——自由空间波长。在同轴线中，$\lambda = \lambda_g$。

将同轴线各参数代入式（6-52），可得同轴线谐振腔的 Q 值为

$$Q = \frac{\beta l}{2\alpha l + \dfrac{4R_s}{\eta}} \qquad (6-53)$$

式中，$\beta = 2\pi/\lambda$。

当导体壁的电导率为 $\sigma = 5.8 \times 10^7$ S/m 时，可得其 Q 值为 5 121.9，谐振频率的计算结果为 $f_0 = 4.082\ 9$ GHz，图 6-19 所示为理论值和数值计算结果的品质因数随腔体壁电导率的变化。图 6-20 所示为计算的谐振频率随电导率的变化，可以看出，有损耗时的谐振频率比理想导体时的谐振频率稍小，随着电导率增大，谐振频率逐渐增大，最后趋近于理想导体时的谐振频率。

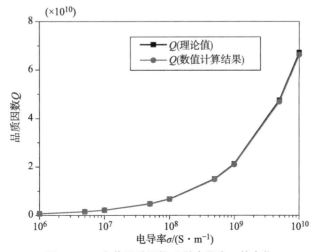

图 6-19　空载品质因数 Q 随电导率 σ 的变化

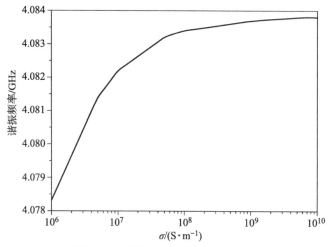

图 6 – 20　谐振频率随电导率的变化

（3）腔壁为粗糙有耗导体，即同时考虑表面粗糙和导体有耗。当粗糙高度均方根值与集肤深度可比拟时，可以通过等效公式将粗糙的影响等效为等效电导率。等效电导率 σ_e 和无粗糙时导体电导率 σ 的关系可以表示为

$$\sigma_e = \frac{\sigma}{K_i^2} \qquad (6-54)$$

式中，K_i——表面粗糙的等效因子，$i = 1,2$。计算公式如下：

$$K_1 = 1 + \frac{2}{\pi} \tan^{-1}\left(1.4\left(\frac{\Delta}{\delta}\right)^2\right) \qquad (6-55)$$

$$K_2 = 1 + \frac{2}{\pi} \tan^{-1}\left(\left(\frac{\Delta}{\delta}\right)^2\left(0.094\left(\frac{\Delta}{\delta}\right)^2 - 0.74\left(\frac{\Delta}{\delta}\right) + 1.87\right)\right) \qquad (6-56)$$

式中，$\dfrac{\Delta}{\delta}$——对集肤深度归一化的表面粗糙度，Δ 为表面粗糙度均方根，δ 为集肤深度。

式（6 – 54）等效方法是将实验测量数据进行线拟合得到的。式（6 – 55）等效方法是通过仿真粗糙面的结果后进行拟合得到的，是对式（6 – 56）的修正。

2. 激励模分析有耗腔体的有载品质因数

谐振腔的品质因数 Q 是衡量谐振腔本身损耗的重要参数，谐振腔的空载 Q 值可以通过求解特征方程直接求出，但是当谐振腔通过耦合电路与外电路相连时，谐振腔的 Q 值将受外部 Q 值的影响而偏离空载 Q 值。一般在计算有载 Q 值时，可以通过其相对带宽得到：

$$Q = \frac{1}{BW} = \frac{f_0}{\Delta f} \tag{6-57}$$

式中，BW——相对带宽；

f_0——中心频率；

Δf——绝对带宽。

由式（6-57）可以看出，当 Q 值比较大时，Δf 非常微小的变化就会引起 Q 很大的误差。而利用软件仿真时，一般只能得到离散频率点处的散射参数，要得到 Δf 的精确值是很困难的。因此，在 Q 值较高时，用相对带宽来计算 Q 值可能会带来较大的误差。

谐振腔通过耦合环耦合到外电路的等效电路如图 6-21 所示。

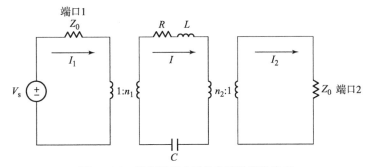

图 6-21 谐振腔耦合到外电路的等效电路

当端口 2 接匹配负载时，负载吸收的最大功率为

$$P_{\mathrm{L}} = I_2 I_2^* Z_0 = \frac{V_{\mathrm{s}}^2}{Z_0} \frac{\beta_1 \beta_2}{(1 + \beta_1 + \beta_2)^2 + Q_0^2 \left(\dfrac{f}{f_0} - \dfrac{f_0}{f} \right)^2} \tag{6-58}$$

式中，$\beta_1 = \dfrac{n_1^2 Z_0}{R}$，$\beta_2 = \dfrac{n_2^2 Z_0}{R}$，$f_0 = \dfrac{1}{4\pi^2 LC}$，$Q_0 = \dfrac{2\pi f_0 L}{R}$。

当端口 1 匹配时，能传送到网络的最大功率为

$$P_{\mathrm{in}} = I_1 I_1^* Z_0 = \frac{V_{\mathrm{s}}^2}{4Z_0} \tag{6-59}$$

令 $T(f) = \dfrac{P_{\mathrm{L}}}{P_{\mathrm{in}}}$，则 $T(f) = |S_{21}(f)|^2$，且

$$T(f) = \frac{P_{\mathrm{L}}}{P_{\mathrm{in}}} = \frac{4\beta_1 \beta_2}{(1 + \beta_1 + \beta_2)^2 + Q_0^2 \left(\dfrac{f}{f_0} - \dfrac{f_0}{f} \right)^2} \tag{6-60}$$

式中，$S_{21}(f)$——网络的传输特性。

当 $f=f_0$ 时，$T(f_0) = \dfrac{4\beta_1\beta_2}{(1+\beta_1+\beta_2)^2}$，而 $Q_0 = Q(1+\beta_1+\beta_2)$，所以在 $\beta_1 \ll 1$、$\beta_2 \ll 1$ 时，有

$$T(f) = \frac{T(f_0)}{1 + Q^2\left(\dfrac{f}{f_0} - \dfrac{f_0}{f}\right)^2} \tag{6-61}$$

在 f_0 附近，$f=f_k$ 时，有

$$T(f_k) = \frac{T(f_0)}{1 + Q^2\left(\dfrac{f_k}{f_0} - \dfrac{f_0}{f_k}\right)^2} \tag{6-62}$$

式中，$T(f_k) = |S_{21}(f_k)|^2$，表示在 f_k 处的 S 参数的幅值平方。

因此，利用 $T(f)$ 曲线来对 Q 值进行参数估计，可将式（6 - 63）进一步化简为

$$\left(\frac{T(f_0)}{T(f_k)} - 1\right)^{1/2} = \left(\frac{f_k}{f_0} - \frac{f_0}{f_k}\right)Q \tag{6-63}$$

式（6 - 63）为关于品质因数 Q 的线性函数。因此，可以通过线性最小二乘法来对 Q 进行参数估计。在 f_0 两侧分别等间隔地计算 $|S_{21}(f_k)|$，共计算 N 点。令 $x_k = \dfrac{f_k}{f_0} - \dfrac{f_0}{f_k}$，$y_k = \left(\dfrac{T(f_0)}{T(f_k)} - 1\right)^{1/2}$，$\bar{x} = \dfrac{1}{N}\sum\limits_{k=1}^{N} x_k$，$\bar{y} = \dfrac{1}{N}\sum\limits_{k=1}^{N} y_k$，则

$$\hat{Q} = \frac{\sum\limits_{k=1}^{N}(x_k - \bar{x})(y_k - \bar{y})}{\sum\limits_{k=1}^{N}(x_k - \bar{x})^2} \tag{6-64}$$

当 $f_k = f_0 \pm \dfrac{1}{2}\Delta f_{3\text{dB}}$ 时，$T(f_k) = \dfrac{1}{2}T(f_0)$，由式（6 - 64）可得 $Q = \dfrac{f_0}{\Delta f_{3\text{dB}}}$。

下面利用计算数据来计算同轴腔的品质因数。

腔壁为光滑理想导体时，谐振腔的外部品质因数等于有载品质因数，计算得到的谐振频率为 4.083 GHz，品质因数为 7 652.9。腔壁为光滑有耗导体时，谐振腔的有载品质因数由外部品质因数和空载品质因数共同决定。当腔体壁的电导率为 $\sigma = 5.8 \times 10^7$ S/m 时，得到谐振频率为 4.082 9 GHz，有载品质因数为 2 071.9。腔壁为粗糙有耗导体时，电导率仍为 $\sigma = 5.8 \times 10^7$ S/m。用式（6 - 54）对电导率修正，粗糙均方根值为 4.1 μm 时，谐振频率为 4.083 5 GHz，有载品质因数降为 1 416。由以上结果可以看出，随着电导率减小，谐振频率逐渐减小。这是因为在同轴线谐振腔中，集肤深度随电导率的减小而增大，从而增大了腔体的有效空间。

3. 粗糙有耗金属表面对谐振腔电性能影响的实验验证

为得到有耗粗糙金属表面对同轴腔体滤波器的影响规律，我们设计了 3 种不同金属镀层的粗糙表面，每种金属表面都分为 4 种不同的粗糙度。如图 6 – 22 所示为不同镀层和不同粗糙度的金属底板。

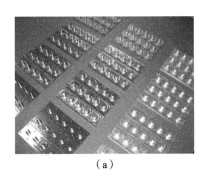 

（a）　　　　　　　　　　　　（b）

图 6 – 22　不同镀层和不同粗糙度的金属底板

（a）底板整体；（b）两种不同粗糙度镀金底板对照

图 6 – 23 所示为不同粗糙度下谐振腔滤波器的谐振频率和 S_{21} 的测试曲线。通过对图 6 – 23 的分析可知，对同一种金属镀层而言，随着粗糙度的增加，谐振频率随之增大，插入损耗也随之增大。

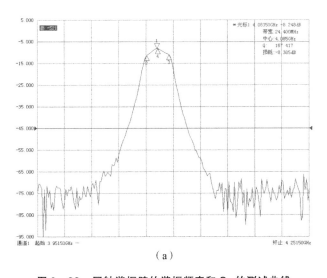

（a）

图 6 – 23　同轴谐振腔的谐振频率和 S_{21} 的测试曲线

（a）粗糙度 $Ra = 4.12\ \mu m$，谐振频率为 4.083 5 GHz

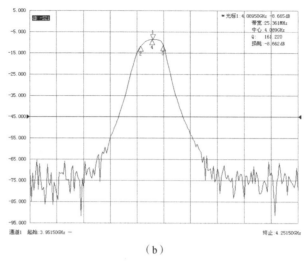

（b）

图 6-23   同轴谐振腔的谐振频率和 S_{21} 的测试曲线 （续）

（b）粗糙度 $Ra = 8.03\ \mu m$，谐振频率为 $4.089\ 5\ GHz$

分析表明，腔体壁有耗将对其谐振频率和品质因数产生影响，随着损耗的增大，腔体品质因数、谐振频率均减小，表面粗糙将使品质因数进一步减小。对同一种金属镀层而言，随着粗糙度的增加，谐振频率将随之增大，插入损耗也随之增大。

6.5   低无源互调滤波器的优化设计方法

使用波导双工器，可将不同频段的信号借助同一副天线分别进行发射和接收。采用这种方法，在雷达和通信技术中可以共用一副天线，因而成本低，还可以提高可靠性，对于提高抗干扰能力和保密要求比较高的应用来说，其作用更为突出。因此，波导双工器拥有广泛的工程应用范围，可用于微波中继通信、卫星通信、微波测量等领域。

波导双工器的优点：结构简单，加工方便；其插入损耗比梳型或交指型微波频率选择器件低，功率容量也较大；作为一种传统的双工通信的频率分配器件，其技术成熟，设计也比较容易。由于具有这些优点，波导双工器在从天线以下的射频收发前端获得了长足的运用。具有谐波抑制能力的波导双工器是具有频率选择性的三端口器件，由于谐振器的频率选择性，因此规定频率的信号能够通过器件，规定频率信号以外的能量则被反射，从而实现频率选择的功能。在物理结构上，波导双工器就是由一些不同的单个谐振器按相应的耦合系数组合而成，最后达到规定频率的信号从输出端通过的目的。

波导双工器由高频输出端、低频输出端、公共输入端组成三端口结构。其中，来自天线口公共输入端的信号源分为两路，一路经由波导低频带通滤波器和谐波抑制滤波器后通过低频输出端的低频波导口向外输出，另一路经由波导高频带通滤波器和谐波抑制滤波器后通过高频输出端的高频波导口向外输出。

在传统方案中，双工器由上下腔体、紧固螺钉、调谐螺钉组成。上下腔体采用紧固螺钉连接成一个整体（图6-24），调谐螺钉用于补偿仿真和加工引入的误差。

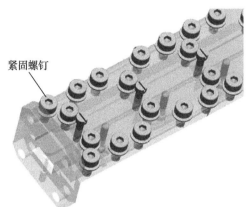

图6-24 传统双工器设计方案

如图6-25所示，对传统波导双工器进行电磁场分析。从该图中可以看出，整个腔体中电场强度较大的位置在调谐螺钉处。此时的电流矢量分布如图6-26所示，可以看出，电流较强的位置同样在调谐螺钉处。调谐螺钉与双工

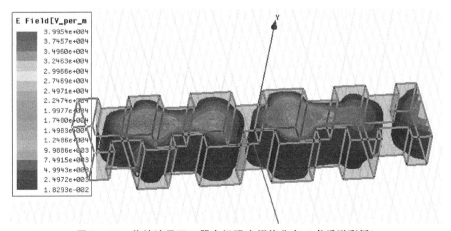

图6-25 传统波导双工器电场强度幅值分布（书后附彩插）

器腔体直接通过螺纹连接，连接处为间隙配合，且很容易因为污染、表面不光洁、有金属碎屑等而产生非线性现象，在大功率下很容易产生 PIM 产物。

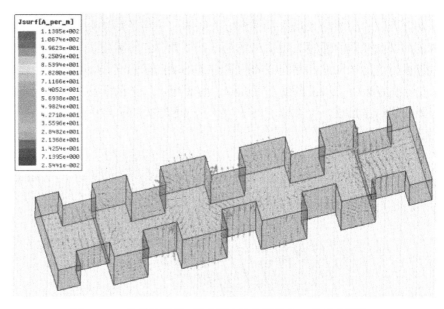

图 6 - 26　传统波导双工器表面电流矢量分布（书后附彩插）

2. 波导双工器的低 PIM 优化设计

根据分析，将波导双工器的膜片从中心向腔体的上下边缘方向移动，调谐螺钉也会随之改变到电流相对较弱的位置，从而可以减弱波导双工器调谐螺钉处的非线性电流，如图 6 - 27 所示。

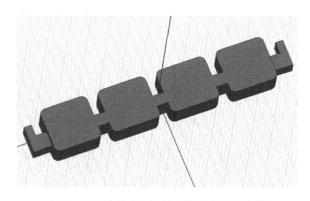

图 6 - 27　波导双工器低 PIM 优化设计方案

根据前面的分析可知，调谐螺钉与双工器腔体直接通过螺纹连接，连接处为间隙配合，且很容易因为污染、表面不光洁、有金属碎屑等而产生非线性现象，在大功率下很容易产生 PIM 产物。如果去掉调谐螺钉，就能消除这些影响，从而大大降低 PIM 电平。为此，必须进行精确的电磁场仿真设计，同时在加工时对加工精度提出适当合理的要求，以保证波导双工器的电性能。根据这些分析，本章提出一体化的电铸加工方案，如图 6－28 所示。

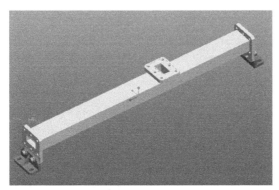

图 6－28　波导双工器低 PIM 一体化设计方案示意

3. 低 PIM 同轴滤波器优化设计

对于实验样件的设计，主要突出某位置的 PIM，而避免其他位置产生 PIM。这样就可以对该位置进行表面镀层处理和研究。在同轴滤波器中，谐振杆和腔体底面连接处的电流密度较大，因此对其中一个谐振杆底面进行处理，而对其他谐振杆和腔体进行一体化加工。

谐振器间的耦合是通过开窗口的方法来实现的，窗口越大，耦合就越大。由专用软件可以计算出各谐振器所需的耦合大小，将计算出的耦合值采用公式计算。输入输出馈电主要采用同轴连接器的插芯和馈电杆来实现，馈电杆离谐振器越近，馈电耦合就越大。同轴连接器的插芯和馈电杆的连接方式有两种：隔离式；焊接式。接下来，介绍这两种馈电方式对 PIM 的影响规律，并采用隔离式馈电方式的滤波器研究镀层对 PIM 的影响规律。不管是隔离式馈电还是焊接式馈电，都需要计算滤波器的输入输出耦合，从而获得谐振杆和馈电柱之间的位置关系。

如图 6－29 所示为该同轴滤波器在仿真软件 HFSS 中的三维模型，其工作频率为 2.16~2.21 GHz，带内插入损耗小于 0.3 dB，S 参数测试曲线如图 6－30 所示。

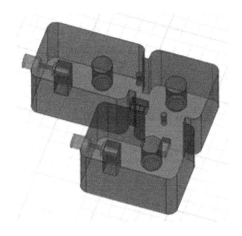

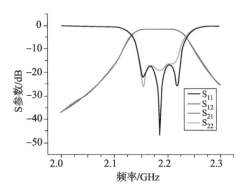

图 6 - 29　低 PIM 同轴滤波器三维模型　　图 6 - 30　S 参数测试曲线（书后附彩插）

对隔离式馈电的 3 阶同轴滤波器进行研究，将其中一个谐振杆采用分离式设计，用螺钉固定于腔体底部，将其余两个谐振杆和腔体一体化加工，以保证 PIM 源的基本唯一性。对此滤波器和 3 个谐振杆与腔体一体化加工的两种滤波器的 PIM 进行测试，测试数据如图 6 - 31 所示。

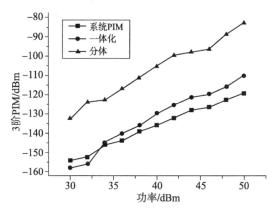

图 6 - 31　两种类型滤波器的 PIM 对比

从图 6 - 31 中可以看出，两种滤波器的 PIM 差距很大，由此验证了该位置是主要发生 PIM 的位置，可以对该位置进行镀层处理来研究不同镀层对 PIM 的影响规律。对谐振杆下底进行氧化和传统镀银两种工艺处理，然后在相同的环境下进行 PIM 测试，得到了两者的 PIM 对比，如图 6 - 32 所示。

从图 6 - 32 可以看出，表面氧化处理的滤波器 PIM 性能较差。在实际镀层表面处理过程中，应保护镀层，尽量不产生氧化层。

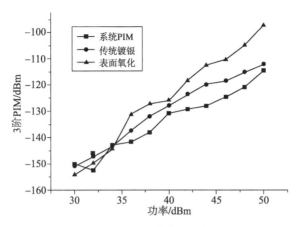

图 6-32　表面氧化和传统镀银的 PIM 对比

　　将谐振杆及时固定在腔体底面，可以有效抑制同轴滤波器的 PIM。因此，研究金属调节螺钉对滤波器 PIM 的影响，并设计出新的介质调节螺钉来替换金属调节螺钉，用于验证介质螺钉对 PIM 抑制的有效性。图 6-33 所示为本书中设计的介质调节螺钉。对介质调谐螺钉滤波器进行 PIM 测试，如图 6-34 所示。

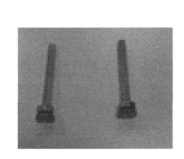

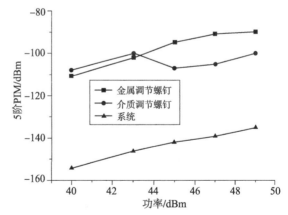

图 6-33　介质调节螺钉

图 6-34　金属调节螺钉和介质调节
螺钉的滤波器 PIM 曲线对比

　　在功率大于 45 dBm 的情况下，金属调节螺钉的滤波器 PIM 比介质调节螺钉的滤波器 PIM 要大 10 dB 左右，但介质调节螺钉滤波器需要精确设计，对于简单的微波部件可以采用金属调节螺钉。

根据以上分析可知，影响 PIM 的主要因素是表面镀层、调谐螺钉。本节在优选表面镀层、调谐螺钉的基础上，改进了滤波器的输入输出馈电结构。

对这两种同轴滤波器进行 PIM 测试，测试曲线如图 6 - 35 所示。这两种同轴滤波器的 PIM 均为 5 阶，测试功率为 40 ~ 49 dBm。实验结果表明，相较于传统滤波器 PIM 设计方法，该方法可有效降低 20 dB。

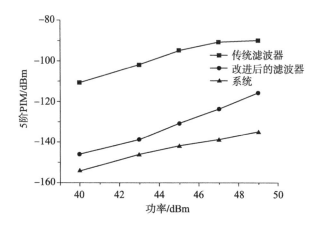

图 6 - 35　改进后的同轴滤波器和传统同轴滤波器的 PIM 结果对比

采用介质隔离同轴连接器的内导体和馈电杆，可减少金属焊接的部分，从而可有效降低滤波器的 PIM。在别的微波部件中也可以采用类似的方法来实现低 PIM，这对整个低 PIM 的微波部件设计具有很好的指导意义。

|6.6　低无源互调天线的优化设计方法|

6.6.1　航天器天线低无源互调设计方法

1. 航天器天线低 PIM 准则

由于航天器天线受卫星平台容纳能力、成本等的限制，因此收发共用天线成了最佳选择。天线 PIM 将成为收发共用天线系统的技术瓶颈，具有特别挑战性的 PIM 指标要求，地面移动通信系统也是如此。需要特别注意的是，航天器天线所处的空间环境是一种特殊环境，许多金属和介质在天线内使用或处于天线附近，环境温度的变化导致任何接触承受的接触压力最大值发生变化，因此需要精确设计法兰和连接件。天线组件的布局对于最小化 PIM 至关重要，但通常必须与其他系统设计要求（如对准、热控制等）折中考虑。

针对航天器天线中最常用的馈源反射面天线形式，在考虑影响 PIM 产物控制的设计时，设计难点集中于具有共同的发射/接收馈电组件的馈源天线，其设计与制作方案对 PIM 产物的产生特别敏感。同时，为了在天线子系统水平上达到可接受的 PIM 性能，还应考虑合适的反射器构造技术。系统集成还需考虑的因素包括：高功率馈电组件及其收发共用组件（双工器）的热控制；用于控制太空环境中天线子系统温度的隔热层的位置。

1）馈源组件设计

对之前遭受天线 PIM 问题的航天器工程的调查显示，TEM（Transverse Electric and Magnetic，横向电磁）馈源最容易受到影响，特别是相关的传输线和连接器。波导馈源组件不易产生 PIM，因为可以通过使用高压触点或一体化构造技术来控制高载流界面。

低 PIM 馈源组件设计与加工工艺技术包括：

（1）镀银的铝结构不会因异种金属或膨胀差异而产生接触电势。

（2）电子束焊接，用于制造极化器。

（3）一体化制造技术，包括对其他馈源组件的火花切割。

（4）高压（>70 MPa）波导法兰接头，接触表面齐平。

（5）不含电介质，不发生电致伸缩问题。

2）反射器的材料和结构

用于航天器的轻质碳纤维复合材料（CFRP）反射器的 PIM 性能，取决于所用的结构和材料。不同的材料和"叠层"方案对几种 CFRP 样品的 PIM 性能进行测量、评估，得出了具有最佳性能的首选反射面成分。铝合金制作的航天器固体反射面采用一体化加工技术来降低固体反射面由于分割加工所引入的接触非线性。近年来，航天器天线中广泛采用的金属网反射面虽然具有高收纳比、质量轻等特点，但金属网在编织过程中会形成大量接触点，其 PIM 特性很难控制，因此必须通过优化编织金属丝、编织花型等方案来实现 PIM 抑制。

3）隔热层设计

如果要控制 PIM 的产生，那么隔热层在航天器天线附近的位置至关重要。由于直接接触天线（尤其是馈电喇叭）可能导致很高的 PIM 产物电平，因此必须避免。除了考虑如何能有效控制隔热层的 PIM，还需要综合考虑射频设计和热控制。

接下来，以英国航空航天公司的 Ku 频段的低 PIM 馈源为例，给出综合考虑了射频性能、热控制及 PIM 抑制等因素的设计方案。为了进行测试，馈源系统包括一个波纹喇叭、一个正交模耦合器、一个双工器。喇叭接收并传输由正交模耦合器（OMT）分离的两个极化，双工器分离收发频带。其发送频带为 11.45 ~ 11.7 GHz，接收频带为 14 ~ 14.25 GHz，因此落在接收频带中的最低 PIM 阶数为 21 阶。

Ku 频段喇叭：波纹喇叭采用模式匹配程序设计，由铝制成，整体镀银，输入端带有高压法兰。

Ku 频段正交模耦合器（OMT）：双极化 TE_{11} 模式通过放置在圆形波导中的膜片分成两个正交模式，并在两个矩形波导中耦合到 TE_{10} 模式。通过这种配置，正交模式之间的隔离度优于 45 dB。完整的 OMT 由两片铝通过火花腐蚀制成，每片由两部分组成，因此其中的唯一连接在高压法兰处。

Ku 波段双工器设计：Ku 波段双工器由两个波导滤波器组成，它们在一个公共端上耦合在一起。接收滤波器是工作在 TE_{101} 模式下的 8 阶切比雪夫滤波器。它包含一对实轴传输零点，有助于均衡群时延。这些是通过在非相邻腔之间提供耦合来实现的。该滤波器分为 3 部分，其接触点位于矩形波导宽壁的中心，以最大限度地减少损耗和避免 PIM 产物的产生。发射滤波器是在 TE_{101} 模式下运行的常规 4 阶切比雪夫矩形波导滤波器。该滤波器由两部分制成，其接触点在宽壁中心。公共端由在一端短路的一段波导和两个用于发送和接收滤波器的宽壁分支组成。它由单片铝通过电火花腐蚀制成，所有接头都确保高接触压力，并且所有零件均镀银。

2. 典型低 PIM 航天器天线

美国 CMI（Custom Microwave Inc.）公司将射频综合设计、精密计算机辅助设计、精密电铸相结合，将馈源或馈电网络中的各种部（组）件进行高度集成，有效避免了拼接，尽量减少连接，将几个组件在一块材料中铣出，特别适合于低 PIM 的应用场合。图 6 - 36 ~ 图 6 - 38 分别为 C 频段、Ku 频段、K/Ka 频段圆极化跟踪馈源的结构和 PIM 测试指标。

图 6 - 39 所示为一种频率和极化多工的 Ku 频段馈源组件。综合考虑射频性能、热控制、真空微放电和 PIM 等因素，并进行实验验证，设计具有工程重大的工程实用价值。

参数	测试指标
频率	Tx: 3.625 - 4.2 GHz Rx: 5.85 - 6.425 GHz
轴比	< 0.2 dB @ 轴向
插入损耗	Tx: < 0.15 dB Rx: < 0.05 dB
回波损耗	Tx: > 28 dB Rx: > 32 dB
隔离度	RHCP、LHCP: > 25 dB Rx、Tx: > 60 dB
峰值功率	10 kW 微放电阈值
7 阶 PIM	< -140 dBm
边缘锥削电平	20 dB (±30°) 典型
交叉极化	< -38 dB (±30°) 相对峰值
尺寸	28.5″(长) × 12″(宽) × 12.7″(高)
质量	< 12 kg (带支架)

图 6 - 36 C 频段电铸馈源及性能指标

参数	测试指标
频率	Tx: 10.95 - 12.75 GHz Rx: 13.75 - 14.50 GHz
插入损耗	Tx: < 0.20 dB Rx: < 0.25 dB
回波损耗	Tx: > 22 dB Rx: > 21 dB
隔离度	VP、HP: > 60 dB Tx: > 70 dB Rx: > 50 dB
峰值功率	> 9.6 kW 微放电阈值
3 阶 PIM	< -140 dBm
边缘锥削电平	20 dB (±30°) 典型
交叉极化	> 40 dB (±30°)
尺寸	< 15″ (长)
质量	< 2.25 kg

图 6 - 37 Ku 频段电铸馈源及性能指标

参数	测试指标
带宽	K – Band：5% Ka – Band：3%
轴比	K – Band：< 0.2 dB Ka – Band：< 0.1 dB
插入损耗	< 0.1 dB
回波损耗	> 30 dB
隔离度	RHCP、LHCP：> 30 dB Ka、K：> 60 dB
峰值功率	> 3.8 kW 微放电阈值
3 阶 PIM	< – 140 dBm
尺寸	4″（长）× 3″（宽）× 4″（高）
质量	< 350 g

图 6 – 38 K/Ka 频段圆极化馈源及性能指标

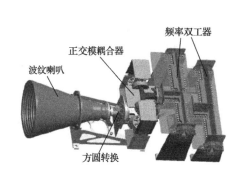

正交模耦合器
频率双工器
波纹喇叭
方圆转换

指标	参数
工作频段	Tx：10. 95 ~ 12. 75 GHz Rx：13. 75 ~ 14. 5 GHz
极化	双线极化
功率容量	12 × 110 （水平极化） 12 × 110 （垂直极化）
3 阶 PIM	< – 135 dBm@2 × 132 W – 60 ~ 110 ℃
驻波比	< 1. 35
插入损耗	发射通道：< 0. 25 接收通道：< 0. 3
隔离度	VP、HP：> 50 dB Tx：> 70 dB Rx：> 60 dB

图 6 – 39 低 PIM 频率和极化多工 Ku 频段馈源组件

6.6.2 地面移动通信基站天线低无源互调技术

1. 低 PIM 螺钉连接

振子天线和反射板通过金属垫片和阻尼螺母的连接是 PIM 干扰源之一，且考虑受安装空间的限制，金属垫片和阻尼螺母的连接装配不方便的因素，因此针对振子和反射板的连接结构进行改进，将原金属垫片和阻尼螺母的结构改成"平脚"式，让振子天线和反射板之间的接触最充分，并用塑料铆钉替换金属垫片和螺母的金属连接。1975 年，Higa 在深层空间网状天线相关的噪声研究时提出的金属 – 绝缘体 – 金属（MIM）连接物的电子隧道效应能够引起 PIM，振子天线和反射板都是金属，金属表面镀一层氧化膜，所以两者接触表面处形成了 MIM 结构，故要在每个振子天线的四个"平脚"下贴上黑色耐高聚酯薄膜（PET 膜），以满足和反射板的绝缘要求（直接两者间绝缘），如图 6 – 40 所示。

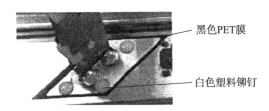

图 6 – 40　振子天线低 PIM 安装结构

2. 低 PIM 焊接工艺

焊接是指通过熔融的焊接合金与两个被焊接金属表面之间生成金属间合金层，从而实现两个被焊接金属之间电气与机械连接。当焊料被加热到熔点以上，焊接金属表面在助焊剂的活化作用下，对金属表面的氧化层和污染层起到清洗作用，同时使金属表面获得足够的激活能。熔融的焊料在经过助焊剂净化后的金属表面上进行浸调、发生扩散、冶金结合。焊点的抗拉强度与金属间的结合层、结构、厚度有关。良好的焊接需要具备以下条件：

（1）被焊接金属应具备良好的可焊性。

（2）被焊接金属表面和焊料应保持清洁接触。

（3）应选用助焊性能适合的焊料与助焊剂。

（4）保证足够的焊接温度与适当的焊接时间。

电烙铁分为外热式和内热式。外热式的功率较大、温度较高，不易受控制；内热式的发热效率高，而且可以进行温度控制。在天线制作过程中，必须对电烙铁的温度进行严格控制，因此需要采用内热式温控电烙铁。电烙铁应满足以下要求；

（1）烙铁头的形状要适应被焊面的要求。

（2）烙铁头顶端的温度应能适应焊料的熔点。

（3）电烙铁的热容量应能满足被焊件的要求。

（4）烙铁头的温度恢复时间能满路焊件的热要求。

（5）对普通 PCB 焊件，烙铁功率为 60～80 W；小件金属件与同轴电缆焊接时，采用 80 W 以上的恒温烙铁。

助焊剂的作用是改善焊接性能，其能破坏金属氧化层，使氧化层物漂浮在焊料表面，有利于焊料的浸润和焊点合金的生成。常见的助焊剂分为无机类、有机类、松香类。无机助焊剂（如盐酸、氧化锌等）的化学作用强，助焊性能好，但腐蚀作用很大。有机助焊剂（如甲酸、乙二胺、树脂合成类等焊剂）的含酸值较高，可焊性高，具有一定程度的腐蚀性。这两种焊剂一般单独使用。松香助焊剂是一种传统助焊剂，其有除去焊件表面氧化物的能力，在一般的焊丝料中均使用这种焊剂成分。对不同的材料表面，所使用的助焊剂也不一样。例如，对银、锡及表面镀锡表面焊时，可以采用松香、酒精类助焊剂；对铅、黄铜等焊接性较差的金属焊时，可选用有机中性助焊剂。

焊锡丝的规格分为含铅锡丝与环保锡丝两种。对于含铅锡丝，锡铅比例一般为 60：40、63：37、65：35，其中含有的助焊剂比例为 2.0%、1.2%、1.0%。焊接温度的控制对焊点的结晶质量好坏有直接影响。

含铅锡丝的焊接温度在 183 ℃ 以上，若没有达到足够让锡进行扩散的温度，就不能生成良好的金属间结合层，一般只有在 220 ℃ 上维持 2 s 才能生成良性的结合层。但是，焊接温度高时，扩散反应率就会增加，导致生成过多的恶性金属间结合层，焊点变得脆性而多孔。最佳焊接温度应该比液相线高出 100 ℃。环保锡丝的焊接温度比含铅锡丝要高，焊接的锡流动性也不如含铅锡丝。

由于基站天线零部件大部分由金属等五金件构成，其箱射单元、移相器、功分网络等均要求进行锡焊接。大量焊点的增加，对 PIM 的产生带来不利因素。当基站天线解决设计与材料选择的难题后，焊接因素则成了天线在批量生产过程中影响直通率的最大阻碍。对生产过程中的焊接熟练员工与焊接新手所生产的天线进行追踪后发现，新员工所焊接的直通率普遍要低 3%～5%。

因此，除了对电烙铁与焊丝材料的选型外，还应该注意以下几方面，以改善焊接效果。

（1）在设计过程中，必须考虑两种金属或金属与同轴电缆焊接的工艺问题，尽量避免大面积焊接或者空间受限的焊接而影响焊接质量。若焊接面积已经超出恒温烙铁能满足的范围，则需要考虑采用电阻焊或高频感应焊接方式。

（2）对金属基材零件表面进行电镀处理时，其电镀材料的厚度不应小于 3 μm。由于经过表面处理的材料长时间暴露在空间中时容易氧化发黑，因此其包装方式应采用单独包装，且使用真空包装。此外，还需对存储的环境温湿度进行控制。

（3）在使用电烙铁的过程中，应该保持烙铁头干净，防止氧化。

（4）在设计过程中，尽量避免大面积金属之间的焊接。焊接时间与焊接大小有关，应根据不同的焊点大小来确定不同的焊接时间。必要时，需要考虑采用特种高频电磁感应焊接设备。

（5）焊接后，必须清除多余的锡珠，并保护表面清洁，可以采取免清洗助焊剂。

（6）在条件允许的前提下，可以采取全自动焊接方式。由计算机机械操作来代替人为操作，对焊接的一致性可得到更好保证。

6.6.3　低无源互调天线技术总结

从双工器开始的收发共用链路上，天线系统的任何部分都可能成为 PIM 产物的潜在来源，因此必须在设计中采取 PIM 抑制措施。本章介绍了航天器天线各部组件的低 PIM 控制技术，并给出了一些国际上的低 PIM 先进馈源技术，还给出了地面移动通信基站天线通过低 PIM 螺钉连接和低 PIM 焊接工艺来实现低 PIM 控制。

随着加工技术的发展，一体化加工必然是解决 PIM 难题的主要途径。通常称为"三维打印"或"快速原型制造"的增材制造技术（AM）是一种直接从数字数据制作三维物理对象的一体化加工制造技术。与通过从一块较大的材料中减去一种材料来实现产品的减法制造（如从一块金属切割出一个螺丝）相比，三维打印通过逐层打印加工产品，能够通过任意设计的空间分布来实现理想的结构，可以有效避免天线多个结构之间的接触非线性所产生的 PIM。

|6.7　系统级无源互调抑制技术|

在解决系统级 PIM 问题的基础上，2008 年美国 Space Systems/Loral 公司在总结多年成功解决各种 PIM 问题经验的基础上，并结合计算电磁学仿真工具提出了一套通信卫星抗 PIM 的系统设计方法。该方法主要分为以下 4 个阶段：

（1）对 PIM 产物的分析定义阶段。在此阶段，应进行有效载荷耦合的详细分析、散射分析、面电流分析、有效载荷的敏感性分析，如图 6 - 41 所示。

这些分析、计算工作既为下一阶段的风险评估做准备，也为以后的 PIM 测试提供必要的输入条件。

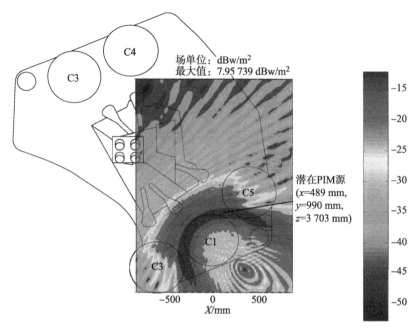

图 6 – 41　天线表面电流密度分析（书后附彩插）

（2）风险评估阶段。考虑卫星平台和有效载荷的具体情况来建立 PIM 风险等级模型，确定关键事件，制定关键零部件表，如表 6 – 2 所示。

（3）设计和规划抑制策略阶段。建立抑制 PIM 产物的基本原则，重点放在消除 PIM 源，而不是考核在设计、加工和组装过程中 PIM 测试的功率电平是否适当。

（4）试验测试阶段。对组装和总装的产品进行试验测试，评价其是否需要进行设计修改和加工，以确定补救措施和验证设计裕度。该方法的最大优点是避免在 PIM 问题出现时通过被动方式来加以抑制，而在航天器载荷设计之初就对可能存在的 PIM 源进行综合考虑，优化航天器载荷总体布局，从而减弱 PIM 的影响。

目前，该方法已经成功解决了 Intelsat VIIA、Optus C1、XTAR、SPAINSAT 等卫星的 PIM 问题。其中，Optus C1 卫星有 4 套载荷，分别工作在 UHF、X、Ku、Ka 频段，Optus C1 卫星 4 套载荷之间的 PIM 风险如图 6 – 42 所示，Optus C1 卫星 Ku 频段子系统的 PIM 分析如图 6 – 43 所示。

表 6 - 2　关键零部件 PIM 风险等级

潜在的风险排名	PIM 产物	受影响有效载荷子系统	产生源	有效载荷接收天线	接收 PIM 电平/dBm	PIM 风险类别（H/M/L）
1	$f_{2\mathrm{Ku}} - f_{1\mathrm{Ku}} + f_{\mathrm{UHF}}(3)$	UHF	1 UHF 天线	UHF	-146	H
		UHF	2 Ku 副反射面	UHF	-146	M
		UHF	3 TT&C 馈源喇叭	UHF	-146	M
2	$f_{2\mathrm{Ku}} - f_{1\mathrm{Ku}}(2)$	UHF	1 UHF 天线	UHF	-146	M
		UHF	2 Ku 副反射面	UHF	-146	L
		UHF	3 TT&C 馈源喇叭	UHF	-146	L
3	$4f_{2\mathrm{Ku}} - 3f_{1\mathrm{Ku}}(7)$	KU	1 Ku 有效载荷	UHF	-125	L
		KU	2 Ku 馈源	UHF	-125	M
		Ku	3 Ku 副反射面	UHF	-125	L

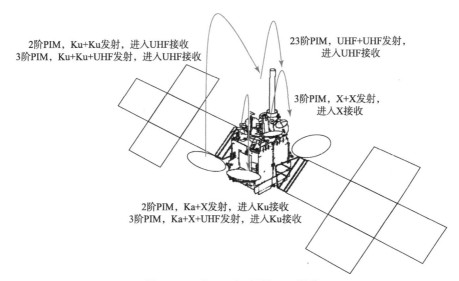

图 6 - 42　Optus C1 卫星 PIM 风险

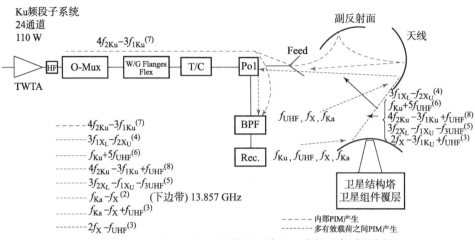

图 6 – 43　Optus C1 卫星 Ku 频段子系统 PIM 分析（书后附彩插）

　　此外，还提出了系统级 PIM 测试方法，以 Optus C1 为例，测试系统具有验证四副载荷 PIM 性能的发射和接收功能。测试系统可以直接测量 G/T 的降低，从而评估 PIM 性能，测试框图如图 6 – 44 所示。

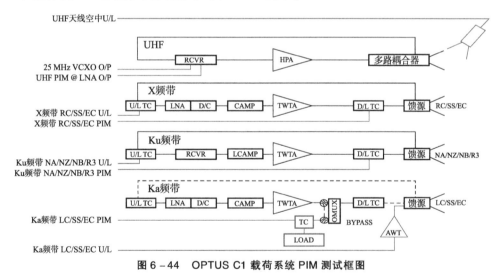

图 6 – 44　OPTUS C1 载荷系统 PIM 测试框图

参 考 文 献

[1] SOMBRIN J, SOUBERCAZE – PUN G, ALBERTI. Relaxation of the Multicarrier Passive Intermodulation Specifications of Antennas ［C］ // The 8th European Conference on Antennas and Propag. EuCAP, 2014：1647 – 1650.

［2］ GRADSHTEYN I S, RYZHIK I M. Table of Integrals, Series, and Products ［M］. Salt Lake City: Academic Press, 2014.

［3］ HOEBER C F, POLLARD D L, NICHOLAS R R. Passive Intermodulation Product Generation in High Power Communications Satellites ［C］// Presented at the AIAA 11th Commutations Satellite Systems Conf., Mar. 1986, 361 – 374.

［4］ YOUNG C E. The Danger of Intermodulation Generation by RF Connector Hardware Containing Ferromagnetic Materials ［C］// National Electronic Packaging conference, USA. 1975: 20 – 21.

［5］ VICENTE C, HARTNAGEL H L. Passive Intermodulation Analysis between Rough Rectangular Waveguide Flanges ［J］. IEEE Transactions on Microwave Theory and Techniques, 2005, 53 (8): 2515 – 2525.

［6］ 王琪, 狄学峰, 李秋强, 等. S 频段低无源互调同轴滤波器设计 ［J］. 空间电子技术, 2017 (6): 49 – 53.

［7］ HALL W J, GIBSON M H, KUNES M A, et al. The Control of Passive Intermodulation Products in Spacecraft Antennas ［C］// IEE Colloquium on Passive Intermodulation Products in Antennas and Related Structures, London, UK, 1989: 2/1 – 2/6.

［8］ CAVALIER M, SHEA D. Single Feed Solution for Simultaneous X – band and Ka – band Satellite Communications ［C］// IEEE MILCOM 2004 Military Communications Conference, Monterey, CA, 2004: 160 – 162.

［9］ 陈铮. 基站天线无源互调干扰的研究 ［D］. 上海: 复旦大学, 2013.

［10］ ZHANG Q S, GONG J G, XU Z, et al. A Low PIM Frequency and Polarization Multiplexing Ku – band Feed Chains for Satellite Antennas ［C］// 2017 Sixth Asia – Pacific Conference on Antennas and Propagation (APCAP), Xi'an, Shaanxi, 2017: 1 – 3.

［11］ CLENCY L Y. Compact High Performance Reflector Antenna Feeds for Space Application ［C］// AIAA International Communications Satellite Systems Conference 2010: 1 – 6.

［12］ MARK CAVALIER. Feed for Simultaneous X – Band and Ka – Band Operations on Large Aperture Antennas ［C］// Military Communications Conference IEEE, 2007: 1 – 5.

［13］ PATEL K N, PATENAUDE Y. L – band Integrated Feed Array Design for Mobile Communication Satellite ［C］// Symposium on Antenna Technology & Applied Electromagnetics IEEE, 1990: 64 – 69.

［14］ KUNES M, GIBSON M, CONNOR G, et al. Low PIM Feed Chain Design Techniques For Satellite Transmit/Receive Antennas at L and Ku Band ［C］ // European Microwave Conference IEEE, 1989: 795 – 801.

［15］ SCHENNUM G H, ROSATI G. Minimizing Passive Intermodulation Product Generation in High Power Satellites ［C］ // IEEE Aerospace Applications Conference IEEE, 1996: 155 – 164.

［16］ SANFORD J. Passive Intermodulation Considerations in Antenna Design ［C］ // Antennas & Propagation Society International Symposium IEEE, 1993: 1651 – 1654.

［17］ BROWN A K. Passive Intermodulation Products in Antennas – an Overview ［C］ // IEEE Colloquium on Passive Intermodulation Products in Antennas and Related Structures, 1989: 1/1 – 1/3.

［18］ LUI P L, RAWLINS A D. Passive Non – Linearities in Antenna Systems ［C］ // IEEE Colloquium on Passive Intermodulation Products in Antennas & Related Structures IET, 1981: 6/1 – 6/7.

［19］ 赵培. 无线通信 UHF 频段的无源互调干扰研究 ［D］. 北京: 北京邮电大学, 2015.

［20］ 王继志. 移动通信基站天线中几个关键问题的研究 ［D］. 青岛: 山东科技大学, 2003.

［21］ 王琪, 崔万照. 应用于航天器的低无源互调滤波器分析 ［J］. 中国空间科学技术, 2020, 40 (3): 8 – 12.

［22］ RABINDRA R S, ERIC H. PIM Risk Assessment and Mitigation in Communications Satellites ［C］ // AIAA International Communications Satellite Systems Conference & Exhibit, 2004: 1 – 17.

［23］ 田露. 星上无源互调干扰数字抑制技术研究 ［D］. 北京: 北京理工大学, 2017.

索　引

专家委员会委员（按姓氏笔画排列）：

于　全　中国工程院院士

王　越　中国科学院院士、中国工程院院士

王小谟　中国工程院院士

王少萍　"长江学者奖励计划"特聘教授

王建民　清华大学软件学院院长

王哲荣　中国工程院院士

尤肖虎　"长江学者奖励计划"特聘教授

邓玉林　国际宇航科学院院士

邓宗全　中国工程院院士

甘晓华　中国工程院院士

叶培建　人民科学家、中国科学院院士

朱英富　中国工程院院士

朵英贤　中国工程院院士

邬贺铨　中国工程院院士

刘大响　中国工程院院士

刘辛军　"长江学者奖励计划"特聘教授

刘怡昕　中国工程院院士

刘韵洁　中国工程院院士

孙逢春　中国工程院院士

苏东林　中国工程院院士

苏彦庆　"长江学者奖励计划"特聘教授

苏哲子　中国工程院院士

李寿平　国际宇航科学院院士

李伯虎　中国工程院院士

李应红　中国科学院院士

李春明　中国兵器工业集团首席专家

李莹辉　国际宇航科学院院士

李得天　国际宇航科学院院士

李新亚　国家制造强国建设战略咨询委员会委员、
　　　　中国机械工业联合会副会长

杨绍卿　中国工程院院士

杨德森　中国工程院院士

吴伟仁　中国工程院院士

宋爱国　国家杰出青年科学基金获得者

张　彦　电气电子工程师学会会士、英国工程技术
　　　　学会会士

张宏科　北京交通大学下一代互联网互联设备国家
　　　　工程实验室主任

陆　军　中国工程院院士

陆建勋　中国工程院院士

陆燕荪　国家制造强国建设战略咨询委员会委员、
　　　　原机械工业部副部长

陈　谋　国家杰出青年科学基金获得者

陈一坚　中国工程院院士

陈懋章　中国工程院院士

金东寒　中国工程院院士

周立伟　中国工程院院士

郑纬民　中国工程院院士

郑建华　中国科学院院士

屈贤明　国家制造强国建设战略咨询委员会委员、工业和信息化部智能制造专家咨询委员会副主任

项昌乐　中国工程院院士

赵沁平　中国工程院院士

郝　跃　中国科学院院士

柳百成　中国工程院院士

段海滨　"长江学者奖励计划"特聘教授

侯增广　国家杰出青年科学基金获得者

闻雪友　中国工程院院士

姜会林　中国工程院院士

徐德民　中国工程院院士

唐长红　中国工程院院士

黄　维　中国科学院院士

黄卫东　"长江学者奖励计划"特聘教授

黄先祥　中国工程院院士

康　锐　"长江学者奖励计划"特聘教授

董景辰　工业和信息化部智能制造专家咨询委员会委员

焦宗夏　"长江学者奖励计划"特聘教授

谭春林　航天系统开发总师

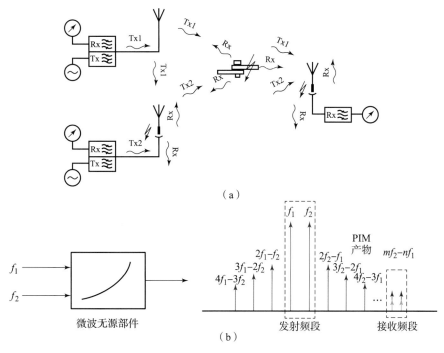

（a）

（b）

图 1 - 1　PIM 干扰

（a）PIM 在通信链路中对系统干扰的简化图；（b）PIM 产生的频谱分布图

↑—发射载波信号；↑—互调干扰信号；↑—正常接收信号

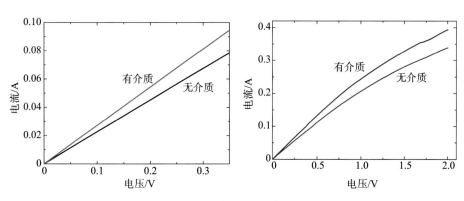

图 2 - 30　10 cm 长镀金钼丝的电流 - 电压关系

（a）0 ~ 0.35 V 区间；（b）0 ~ 2.0 V 区间

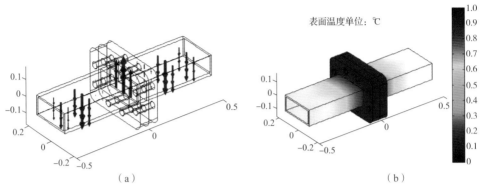

（a）　　　　　　　　　　　　　　　　　　　　　　　（b）

图 3 - 9　　波导法兰连接结的电场分布和温度分布

（a）电场分布；（b）温度分布

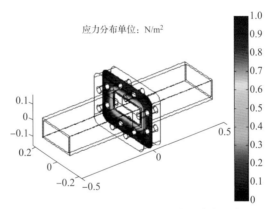

图 3 - 10　　波导法兰连接结的应力应变分布

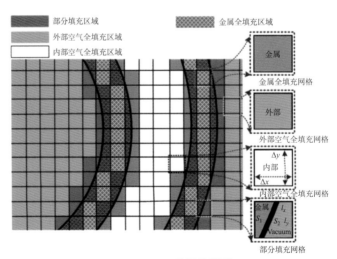

图 3 - 17　　四类网格类型

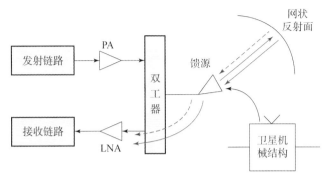

图 3 – 24　网状反射面天线收发共用的星载通信系统框图

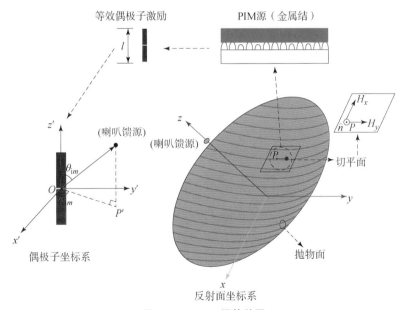

图 3 – 33　PIM 源等效图

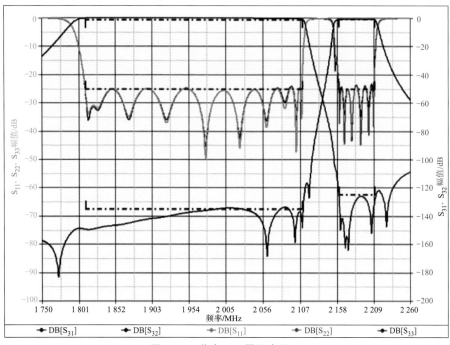

图 5 - 4　收发双工器仿真结果

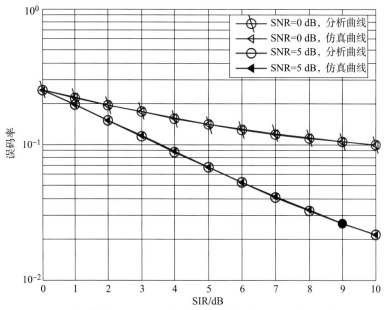

图 6 - 3　恒定信干比下误码率随信干比变化的分析曲线与仿真曲线

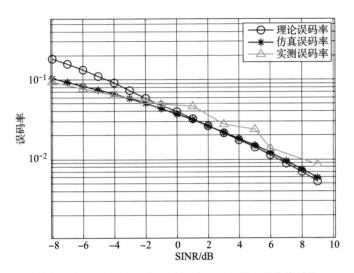

图 6-10　PIM 干扰下误码率随信干噪比的变化曲线对比

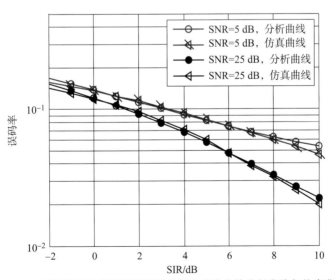

图 6-11　时变信干比下误码率随平均信干比变化的分析曲线与仿真曲线

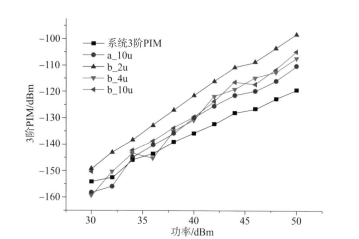

图 6 – 16　不同镀层厚度对 PIM 的影响（3 阶 PIM）

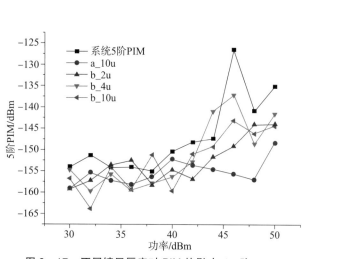

图 6 – 17　不同镀层厚度对 PIM 的影响（5 阶 PIM）

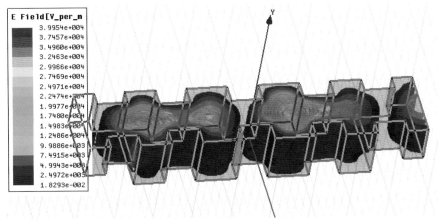

图 6 - 25　传统波导双工器电场强度幅值分布

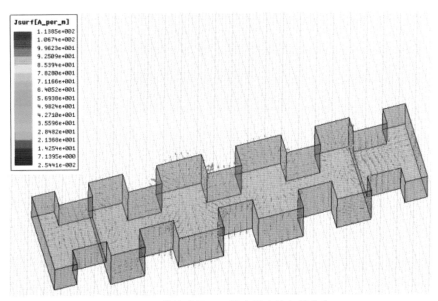

图 6 - 26　传统波导双工器表面电流矢量分布

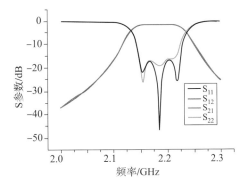

图 6 - 30　S 参数测试曲线

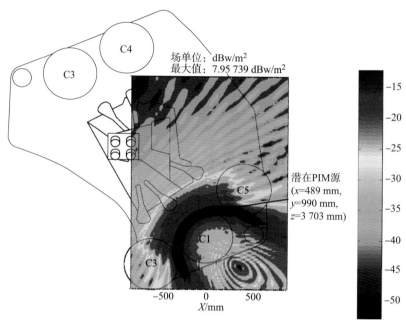

场单位: dBw/m²
最大值: 7.95 739 dBw/m²

潜在PIM源
(x=489 mm,
y=990 mm,
z=3 703 mm)

图 6 – 41　天线表面电流密度分析

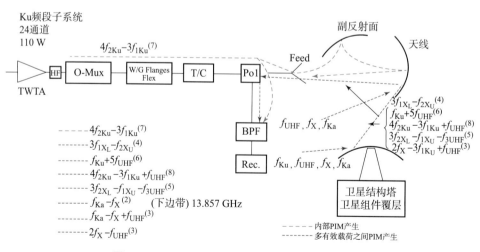

Ku频段子系统
24通道
110 W

$4f_{2Ku}-3f_{1Ku}^{(7)}$

副反射面

天线

Feed

TWTA　HF　O-Mux　W/G Flanges Flex　T/C　Po1

$3f_{1X_L}-f_{2X_U}^{(4)}$
$f_{Ku}+5f_{UHF}^{(6)}$
$4f_{2Ku}-3f_{1Ku}+f_{UHF}^{(8)}$
$3f_{2X_L}-f_{1X_U}-f_{3UHF}^{(5)}$
$2f_X-3f_{1Ku}+f_{UHF}^{(3)}$

f_{UHF}, f_X, f_{Ka}

BPF

Rec.

$f_{Ku}, f_{UHF}, f_X, f_{Ka}$

卫星结构塔
卫星组件覆层

— — — $4f_{2Ku}-3f_{1Ku}^{(7)}$
— — — $3f_{1X_L}-f_{2X_U}^{(4)}$
— — — $f_{Ku}-5f_{UHF}^{(6)}$
— — — $4f_{2Ku}-3f_{1Ku}+f_{UHF}^{(8)}$
— — — $3f_{2X_L}-f_{1X_U}-f_{3UHF}^{(5)}$
— — — $f_{Ka}-f_X^{(2)}$　（下边带）13.857 GHz
— — — $f_{Ka}-f_X+f_{UHF}^{(3)}$
— — — $2f_X-f_{UHF}^{(3)}$

— — — 内部PIM产生
— — — 多有效载荷之间PIM产生

图 6 – 43　Optus C1 卫星 Ku 频段子系统 PIM 分析